Wissenschaftliche Reihe Fahrzeugtechnik Universität Stuttgart

Reihe herausgegeben von

Michael Bargende, Stuttgart, Deutschland

Hans-Christian Reuss, Stuttgart, Deutschland

Jochen Wiedemann, Stuttgart, Deutschland

Das Institut für Fahrzeugtechnik Stuttgart (IFS) an der Universität Stuttgart erforscht, entwickelt, appliziert und erprobt, in enger Zusammenarbeit mit der Industrie, Elemente bzw. Technologien aus dem Bereich moderner Fahrzeugkonzepte. Das Institut gliedert sich in die drei Bereiche Kraftfahrwesen, Fahrzeugantriebe und Kraftfahrzeug-Mechatronik. Aufgabe dieser Bereiche ist die Ausarbeitung des Themengebietes im Prüfstandsbetrieb, in Theorie und Simulation. Schwerpunkte des Kraftfahrwesens sind hierbei die Aerodynamik, Akustik (NVH), Fahrdynamik und Fahrermodellierung, Leichtbau, Sicherheit, Kraftübertragung sowie Energie und Thermomanagement – auch in Verbindung mit hybriden und batterieelektrischen Fahrzeugkonzepten. Der Bereich Fahrzeugantriebe widmet sich den Themen Brennverfahrensentwicklung einschließlich Regelungs- und Steuerungskonzeptionen bei zugleich minimierten Emissionen, komplexe Abgasnachbehandlung, Aufladesysteme und -strategien, Hybridsysteme und Betriebsstrategien sowie mechanisch-akustischen Fragestellungen. Themen der Kraftfahrzeug-Mechatronik sind die Antriebsstrangregelung/ Hybride, Elektromobilität, Bordnetz und Energiemanagement, Funktions- und Softwareentwicklung sowie Test und Diagnose. Die Erfüllung dieser Aufgaben wird prüfstandsseitig neben vielem anderen unterstützt durch 19 Motorenprüfstände, zwei Rollenprüfstände, einen 1:1-Fahrsimulator, einen Antriebsstrangprüfstand, einen Thermowindkanal sowie einen 1:1-Aeroakustikwindkanal. Die wissenschaftliche Reihe „Fahrzeugtechnik Universität Stuttgart" präsentiert über die am Institut entstandenen Promotionen die hervorragenden Arbeitsergebnisse der Forschungstätigkeiten am IFS.

Reihe herausgegeben von

Prof. Dr.-Ing. Michael Bargende
Lehrstuhl Fahrzeugantriebe
Institut für Fahrzeugtechnik Stuttgart
Universität Stuttgart
Stuttgart, Deutschland

Prof. Dr.-Ing. Jochen Wiedemann
Lehrstuhl Kraftfahrwesen
Institut für Fahrzeugtechnik Stuttgart
Universität Stuttgart
Stuttgart, Deutschland

Prof. Dr.-Ing. Hans-Christian Reuss
Lehrstuhl Kraftfahrzeugmechatronik
Institut für Fahrzeugtechnik Stuttgart
Universität Stuttgart
Stuttgart, Deutschland

Sebastian Bucherer

Konzept, Design und Validierung eines Einzylinder-Methan-Brennverfahrens mit konditionierter aktiver Vorkammerzündkerze unter Nutzung additiver Fertigungsverfahren

Springer Vieweg

Sebastian Bucherer
IVK, Fakultät 7, Lehrstuhl für
Fahrzeugantriebe
Universität Stuttgart
Stuttgart, Deutschland

Zugl.: Dissertation Universität Stuttgart, 2025
D93

ISSN 2567-0042   ISSN 2567-0352   (electronic)
Wissenschaftliche Reihe Fahrzeugtechnik Universität Stuttgart
ISBN 978-3-658-48236-7   ISBN 978-3-658-48237-4   (eBook)
https://doi.org/10.1007/978-3-658-48237-4

Die Deutsche Nationalbibliothek verzeichnet diese Publikation in der Deutschen Nationalbibliografie; detaillierte bibliografische Daten sind im Internet über https://portal.dnb.de abrufbar.

Planung/Lektorat: Friederike Lierheimer
Springer Vieweg ist ein Imprint der eingetragenen Gesellschaft Springer Fachmedien Wiesbaden GmbH und ist ein Teil von Springer Nature.
Die Anschrift der Gesellschaft ist: Abraham-Lincoln-Str. 46, 65189 Wiesbaden, Germany

Wenn Sie dieses Produkt entsorgen, geben Sie das Papier bitte zum Recycling.

Vorwort

Bein besonderer Dank gilt Prof. Dr.-Ing. A. Casal Kulzer für die wissenschaftliche Betreuung meiner Arbeit am Institut für Fahrzeugtechnik der Universität Stuttgart während meiner Zeit am Fraunhofer Institut für Chemische Technologie. Die angenehmen und zielführenden Diskussionen haben mich bei der Erstellung meiner Dissertation stets weitergebracht und waren enorm wichtig für den erfolgreichen Abschluss meiner Arbeit. Ebenfalls möchte ich mich bei Prof. Dr. sc. techn. Thomas Koch für die Übernahme des Koreferats sowie der ersten akademischen und wissenschaftlichen Ausbildung im Bereich der Kolbenmaschinen während meines Studiums bedanken.

Ein herzliches Dankeschön gilt Dr.-Ing Marco Chiodi und Dr.-Ing Antonino Vacca für die 3D-CFD Simulationen, das Vertrauen in mich sowie die inhaltliche Betreuung meiner Arbeit am IFS. Lieben Dank an meine Vorgesetzten Dr.-Ing Hans-Peter Kollmeier, Dipl. Ing. Ivica Kraljevic und Dr.-Ing Steffen Reuter für die fachliche Ausbildung und die großen Freiheiten, die ich am Fraunhofer genießen durfte. Ebenso danken möchte ich M. Sc. Paul Rothe und M. Sc. Haiko Kowarik für die Durchführung der 3D-CHT und FEM-Simulationen. Einen Dank auch an Dipl. Ing Alexander Fürschuss für die Weitergabe seiner umfassenden Expertise in der Konstruktion von Verbrennungsmotoren. Meinen speziellen Dank möchte ich Dipl. Ing. Florian Sobek aussprechen, für seine unermüdliche Hilfe während der Arbeitszeit oder am Wochenende, sowohl durch seine hohe fachliche Expertise am Motorenprüfstand als auch moralisch, ob am Institut oder beim abendlichen Angeln am See. Ebenfalls danke ich den vielen weiteren Beteiligten, die an der Erstellung der Arbeit mitgewirkt haben, ob in der Werkstatt oder in meinem privaten Umfeld.

Abschließend gilt mein größtes Dankeschön meiner Familie. Meinen Eltern, die mir stets mit Rat und Tat zur Seite stehen. Meinem großen Bruder Manuel, der seit jeher mein Fels in der Brandung ist. Meiner Frau Yoshita, die unglaubliche Geduld zeigte, mir stets den Rücken freigehalten hat und mir immer einen Motivationsschub gab, wenn es erforderlich war.

Malsch   Sebastian Robin Bucherer

Inhaltsverzeichnis

Vorwort V

Abbildungsverzeichnis IX

Tabellenverzeichnis XV

Abkürzungsverzeichnis XVII

Symbolverzeichnis XXI

Abstract XXIII

Kurzfassung XXIX

1 Einleitung 1

  1.1 Motivation und Ziele 1

  1.2 Ablauf Entwicklungsprozess 3

2 Stand der Technik 7

  2.1 Methan in Verbrennungsmotoren 7

    2.1.1 Regenerative Methanherstellung 7

    2.1.2 Spezifische Stoffeigenschaften von Methan 8

    2.1.3 Gemischbildung bei Methan 11

    2.1.4 Zündung und Verbrennung 14

    2.1.5 Vorkammerzündung 15

    2.1.6 Emissionen 21

  2.2 Additive Fertigungsverfahren 25

    2.2.1 Additive Fertigungsverfahren metallischer Werkstoffe 27

    2.2.2 Gestaltungsfreiheiten und -restriktionen des LPBF-Verfahrens 32

3 Konzeptionierung Einzylinder 39

  3.1 Analyse und Randbedingungen Referenzmotor 39

    3.1.1 Festlegung der Betriebspunkte 41

    3.1.2 Kühlsystem 43

  3.2 Aufbau Einzylinder-Methanmotor 45

  3.3 Zylinderkopf 46

3.4   Vorkammerzündsystem 54
    3.4.1   Integration Zündkerze und Kraftstoffzuführung............. 54
    3.4.2   Montage und Abdichtung 57

4   Design-Optimierung und Auslegung Einzylinder **63**
    4.1   Kolben... 63
    4.2   Zylinderkopf und Vorkammergehäuse 65
        4.2.1   Ventiltrieb... 65
        4.2.2   Einlasskanal und Injektor 67
        4.2.3   Aufbau Kühlsystem Zylinderkopf 72
        4.2.4   Vorkammerzündkerze... 77
        4.2.5   Aufbau Kühlsystem Vorkammer 86
    4.3   3D-CHT Simulation Einzylinder 92
    4.4   Struktursimulation Einzylinder 97

5   Validierung des Methanmotors **105**
    5.1   Aufbau des Motorenprüfstands 105
    5.2   Grunduntersuchungen Brennverfahren..................................106
        5.2.1   Variation Einblase Zeitpunkt Hauptbrennraum 106
        5.2.2   Variation Einblasung Kraftstoffmasse in Vorkammer.....108
        5.2.3   Abmagerungsfähigkeit mit passiver und aktiv gespülter
                  Vorkammerzündkerze...113
    5.3   Einfluss Vorkammer Kühlung 115
    5.4   Lastschnitt mit aktiver Vorkammer......................................116
    5.5   Vergleich 500 mm³ zu 750 mm³ Vorkammer Volumen............118
    5.6   Vergleich von Methan- zu Referenz-Benzinmotor 124

6   Zusammenfassung und Ausblick **127**
    6.1   Ausblick 129

Literaturverzeichnis 131

Abbildungsverzeichnis

1.1 Prozessablauf Neukonstruktion Allgemein 3

1.2 Prozessablauf Entwicklungsprozess 4

2.1 Prozessablauf zur Herstellung von regenerativem Methan über Biomasse und Power-to-Gas 8

2.2 Vergleich der laminaren Flammengeschwindigkeit (links) und Zündverzugszeit (rechts) berechnet durch detaillierte chemische Mechanismen für Methan und ROZ95 E10 bei 700 K, 50 bar und 0 % Restgas [60] 10

2.3 Potenzialabschätzung unterschiedlicher Gemischbildungskonzepte ... 14

2.4 Passive Vorkammerzündkerze 16

2.5 Druckdifferenz von Hauptbrennraum zu Vorkammer abhängig vom Luft/Kraftstoff-Verhältnis (links) und Restgasgehalt bei $\lambda = 1$ in der Vorkammer (rechts) für eine Vorkammerzündkerze bei 2000 1/min und 2.8 bar p_{mi} [45] 17

2.6 Aktive Vorkammerzündkerze 18

2.7 Abmagerungsfähigkeit von passiver und aktiver Vorkammerzündkerze bei 2000 1/min und 2.8 bar p_{mi} [45] 19

2.8 NO Konvertierungsrate nach Zeldovich abhängig von Temperatur und Luft/Kraftstoff-Verhältnis [63] 23

2.9 Stickoxid-Emissionen über Luft/Kraftstoff-Verhältnis [6] 24

2.10 Einfluss der Schichtdicke auf den Treppenstufeneffekt in der additiven Fertigung 26

2.11 Übersicht der additiven Fertigungsverfahren metallischer Werkstoffe 27

2.12 Schematischer Prozessablauf Laser Powder Bed Fusion 29

2.13 Wärmetransport der Schmelze zur Umgebung im LPBF-Prozess 30

2.14 Chronologie der Gestaltungsrichtlinien für LPBF-Bauteile 34

2.15 Abstützung in Abhängigkeit des Downskin-Winkels δ (links) und Einfluss des Downskin-Winkels δ auf Fertigungsqualtität ohne Stützstruktur (rechts) 36

2.16 Abstützung kreisrunder Kanalquerschnitte (links) und Gestaltungs-
      möglichkeiten von Kanal-Querschnitten im LPBF (rechts) 37
3.1   Indizierter Mitteldruck über Drehzahl des Dreizylinder Referenz-
      motors 42
3.2   Kühlkonzept Dreizylinder Referenzmotor 44
3.3   Aufbau Einzylinder-Methanmotor 45
3.4   Ladungsbewegung durch Drall (links) und Tumble (rechts) 47
3.5   Brennraumkonzept zentrale Injektor Position 49
3.6   Brennraumkonzept Injektor unter Einlasskanal 49
3.7   Vergleich Tumble seitlicher und zentraler Injektor in BP4 bei
      2000 1/min, λ=1 und Volllast [59] 51
3.8   Lambda Verteilung zentraler Injektor in BP4 bei 2000 1/min, λ=1
      und Volllast 52
3.9   Lambda Verteilung seitlicher Injektor in BP4 bei 2000 1/min, λ=1
      und Volllast 52
3.10 Aufbau der aktiven Vorkammerzündkerze mit Kraftstoffzuführung,
      Mittenelektrode (links) und Aufbaurichtung für additive Fertigung
      (rechts) 56
3.11 Verschraubung der Vorkammerzündkerze im Zylinderkopf [8] 58
3.12 Konzept Abdichtung Vorkammer Kupferdichtring (links) und Dicht-
      konus (rechts) 59
3.13 Vergleich Druckspannungen (oben) und Zugspannungen (unten)
      für Abdichtung mit Kupferdichtring (links) und Konus (rechts) 60
4.1   Vergleich der Kolbengeometrien, flacher Kolben (links) und mit
      Mulde (rechts) 64
4.2   Profile und Kombinationen des Einlassventilhubs durch das Ver-
      stellsystem [59] 66
4.3   Gestaltungsfreiheit des Ventilprofil durch Ventilverstellung für BP2
      [59] 67
4.4   Vergleich des düsenförmigen (links), zylindrischen (mittig) und
      nach unten gebogenen (rechts) Injektorübertritts 69
4.5   Strömungsfeld (oben) und Lambda Verteilung (unten) des düsen-
      förmigen (links), zylindrischen (mittig) und nach unten gebogenen
      (rechts) Injektorübertritts in BP4 bei 2000 1/min, λ=1 und Volllast
      [59] 69

4.6 Tumble im Hauptbrennraum für verschiedene Injektorübertritte in BP4 bei 2000 1/min, $\lambda=1$ und Volllast [59] 70

4.7 Lambda Verteilung in der Vorkammer für verschiedene Injektorübertritte in BP4 bei 2000 1/min, $\lambda=1$ und Volllast [59] 71

4.8 Drauf- (oben) und Seitenansicht (unten) der Integration von Vorkammer- und Zylinderkopf Wassermantel in den Zylinderkopf [8] 74

4.9 Stromlinien Kühlwassermantel Zylinderkopf (links) [8] und Kühlkanal Querschnitt (rechts) 76

4.10 Vergleich der Lambdaverteilung (links) und des Strömungsfelds (rechts) von VK01 (oben) und VK02 (unten) zum ZZP in BP2 bei 1500 1/min, $\lambda=1.8$ und 4 bar p_{mi} [59] 79

4.11 Lambdaverteilung (links) und Strömungsfeld (rechts) von VK03 zum ZZP in BP2 bei 1500 1/min, $\lambda=1.8$ und 4 bar p_{mi} 81

4.12 Lambdaverteilung (links) und Strömungsfeld (rechts) von VK04 zum ZZP in BP2 bei 1500 1/min, $\lambda=1.8$ und 4 bar p_{mi} 81

4.13 Lambdaverteilung (links) und Strömungsfeld (rechts) von VK05 zum ZZP in BP2 bei 1500 1/min, $\lambda=1.8$ und 4 bar p_{mi} 82

4.14 Lambdaverteilung (links) und Strömungsfeld (rechts) von VK06 zum ZZP in BP2 bei 1500 1/min, $\lambda=1.8$ und 4 bar p_{mi} 84

4.15 Geometrie Vergleich von VK06 zur stark asymmetrischen VK07 84

4.16 Lambdaverteilung (links) und Strömungsfeld (rechts) von VK07 zum ZZP in BP2 bei 1500 1/min, $\lambda=1.8$ und 4 bar p_{mi} 85

4.17 Schnittdarstellung (links) und Stromlinien (rechts) der Vorkammer mit 45° Dichtkonus [60] 87

4.18 Schnittdarstellung (links) und Stromlinien (rechts) der Vorkammer mit 20° Dichtkonus [60] 89

4.19 Stromlinien des Kühlwassermantels der Vorkammer ohne Ringkanalkühlung 90

4.20 Finaler Aufbau der aktiven Vorkammerzündkerze mit Druckindizierung 91

4.21 Additiv gefertigtes Rohteil des Vorkammergehäuses (links) und mechanisch bearbeitete Vorkammerzündkerze (rechts).................... 92

4.22 Temperaturverteilung im Kühlwassermantel von Zylinderkopf und Vorkammergehäuse mit Ringkühlkanal im Nennleistungspunkt BP5 93

4.23 Metalltemperatur des Vorkammergehäuses und Kappe für Vorkammer ohne Innenkühlung (links) und mit Innenkühlung (rechts) im Nennleistungspunkt BP5 94

4.24 Metalltemperatur des Brennraumdachs für Vorkammer ohne Innenkühlung (links) und mit Innenkühlung (rechts) im Nennleistungspunkt BP5 96

4.25 Schnittdarstellung des Verbundes von Zylindergehäuse, Zylinderlaufbuchse und Zylinderkopf 98

4.26 Übersicht von Mises Vergleichsspannung im Zylinderkopf für Belastungsfall 3 99

4.27 Von Mises Vergleichsspannung im Einlassventilsitz für Belastungsfall 3 101

4.28 Flächenpressung zwischen Vorkammergehäuse und Zylinderkopf (unten) und von Mises Vergleichsspannung im Dichtkonus für alle drei Simulationsschritte 101

4.29 Übersicht Vergleichsspannung nach von Mises im Vorkammergehäuse für Belastungsfall 4 102

5.1 Aufbau des Einzylinder-Methanmotors 105

5.2 Variation des Einblasezeitpunkts in den Hauptbrennraum bei 2000 1/min, 10 bar p_{mi} und Lambda 1 107

5.3 Bestimmung der Kraftstoffmasse bei Variation der Injektor Bestromungsdauer ohne Hauptbrennraum Einblasung am geschleppten Motor bei 2000 1/min 109

5.4 Variation der eingeblasenen Kraftstoffmasse in die Vorkammer bei 2000 1/min, 10 bar p_{mi}, Lambda 1.4 und SOI-VK -180 °KW n.ZOT 110

5.5 Differenzdruck von Vorkammer zu Zylinder für t_e-VK Variation bei 2000 1/min, 10 bar p_{mi}, Lambda 1.4 und SOI-VK -180 °KW n.ZOT 111

5.6 SOI-Vorkammer Variation bei t_e-VK 1100 μs, 2000 1/min, 10 bar p_{mi} und Lambda 1.4 113

5.7 Abmagerungsfähigkeit für aktiven und passiven Betrieb der VK bei 2000 1/min und 10 bar p_{mi} 114

5.8 Abmagerungsfähigkeit mit gekühlter Vorkammerzündkerze für aktiven Betrieb der VK bei 2000 1/min und 10 bar p_{mi} 116

5.9 Lastschnitt für aktiven Betrieb der VK bei 2000 1/min und Lambda 1.4 117

5.10 Vergleich der 500 mm³ zu 750 mm³ Vorkammer Innenvolumen für eine Lambda Variation bei 2000 1/min und 10 bar p_{mi} 119

5.11 Vergleich der Druckverläufe von Zylinder (links) und Vorkammer (rechts) von Simulation zu MPST bei 1600 μs Einblasdauer 121

5.12 Vergleich des Restgasgehalts von Zylinder, Vorkammer und Elektrode bei 1600 μs und 4000 μs Einblasdauer 122

5.13 Vergleich von Lambda bei -268 °KW n.ZOT (links) und zum ZZP für 1600 μs Einblasdauer...123

5.14 Vergleich von Lambda bei -268 °KW n.ZOT (links) und zum ZZP für 4000 μs Einblasdauer...123

5.15 Vergleich des simulierten Wirkungsgrads von Referenz-Benzinmotor und Methanmotor für BP1-5...126

Tabellenverzeichnis

2.1 Vergleich von Benzin ROZ98 zu Methan 9
3.1 Vergleich Dreizylinder-Benzinmotor zu Einzylinder-Methanmotor ... 40
3.2 Festlegung Betriebspunkte für Motorentwicklung 43
3.3 Vergleich seitlicher und zentraler Injektor in BP4 bei 2000 1/min,
λ=1 und Volllast 53
3.4 Abschätzung des Vorkammer-Innenvolumen für ε15 54
4.1 Vergleich der verschiedenen Injektorübertritte in BP4 bei 2000 1/min,
λ=1 und Volllast 72
4.2 Geometrische Spezifikationen der Vorkammer-Varianten VK01
und VK02 78
4.3 Geometrische Spezifikationen der Vorkammer-Varianten VK03,
VK04 und VK05 80
4.4 Geometrische Spezifikationen der Vorkammer-Varianten VK06
und VK07 83
5.1 Vergleich der Ergebnisse von MPST zu 3D-CFD Simulation in
BP3 bei 1600 μs und 4000 μs Einblasdauer in VK06 120
5.2 Vergleich der finalen 3D-CFD Simulations- und Prüfstandsergebnisse von Referenz-Benzinmotor (E10) mit Einzylinder-Methanmotor
(CH_4) für BP1-5 125

Abkürzungsverzeichnis

CH_4	Methan
CO_2	Kohlenstoffdioxid
CO	Kohlenstoffmonoxid
C	Kohlenstoff
HC	Unverbrannter Kohlenwasserstoff
H	Wasserstoff
N_2	Distickstoff
NOx	Stickoxid
NO	Stickoxid
N	Stickstoff
O	Sauerstoff
1D	Ein-Dimensional
2.5D	Zweieinhalb-Dimensional
3D	Drei-Dimensional
42CrMo4	Chrom-Molybdän Vergütungsstahl
AI05	5 % Kraftstoffmasse umgesetzt
AI10	10 % Kraftstoffmasse umgesetzt
AI10-90	Brenndauer für 10-90 % Kraftstoffmasse umgesetzt
AI50	50 % Kraftstoffmasse umgesetzt
AI50-90	Brenndauer für 50-90 % Kraftstoffmasse umgesetzt
AI90	90 % Kraftstoffmasse umgesetzt
AlSi10Mg	Aluminium-Silizium-Magnesium Legierung
AM	Additive Fertigung
BMWK	Bundesministerium für Wirtschaft und Klimaschutz
BP	Betriebspunkt
BV	Brennverzug
C/H	Kohlenstoff zu Wasserstoff Verhältnis

CAD	Computer-Aided Design
CFD	Computational Fluid Dynamics
CHT	Conjugate Heat Transfer
CNG	Compressed Natural Gas
DfAM	Design for Additive Manufacturing
DI	Direkteinspritzung
E10	10 % Ethanol Anteil
FE	Finite Elemente
FEM	Finite Elemente Methode
FKFS	Forschungsinstitut für Kraftfahrwesen und Fahrzeugmotoren Stuttgart
KW	Grad Kurbelwinkel
KW n.ZOT	Grad Kurbelwinkel nach oberem Totpunkt an dem die Zündung erfolgt
KW v.ZOT	Grad Kurbelwinkel vor oberem Totpunkt an dem die Zündung erfolgt
LFS	Laminare Flammengeschwindigkeit
LPBF	Laser Powder Bed Fusion
MethMag	Methan Magermotor
MFB50	50 % Mass Fraction Burned
MPST	Motorenprüfstand
MZ	Methanzahl
OT	Oberer Totpunkt
PBF	Powder Bed Fusion
PFI	Saugrohr Einspritzung
PNC	Partikel Anzahl
PtG	Power-to-Gas

ROZ	Oktanzahl
SLM	Selective Laser Melting
SOI	Beginn der Einspritzung
UT	Unterer Totpunkt
VDI	Verein deutscher Ingenieure
VK	Vorkammerzündkerze
VTG	Variable Turbinengeometrie
ZK	Zylinderkopf
ZOT	Oberer Totpunkt an dem die Zündung erfolgt
ZZP	Zündzeitpunkt
ZZP-AI05	Brennverzug

Symbolverzeichnis

	Lateinische Buchstaben	
$COV\ IMEP$	Variance Coefficient of Indicated Mean Effective Pressure	%
E	Energiedichte	J/mm^3
h	Schichtdicke	mm
H_G	Volumetrischer Gemischheizwert	MJ/m^3
H_i	Spezifischer Heizwert	MJ/kg
H_u	unterer Heizwert	J/kg
i	Faktor Arbeitsspiele je Kurbelwellenumdrehung	-
$IMEP$	Indicated Mean Effective Pressure	bar
L_{st}	stöchiometrisches Luftverhältnis	-
$\dot{m}_B$	Brennstoff Massenstrom	kg/s
μ	Reibungskoeffizient	-
n	Motor Drehzahl	1/min
P_e	Effektive Leistung	W
P_i	Indizierte Leistung	W
p_2	Absoluter Ladedruck	bar
p_3	Absoluter Abgasdruck	bar
P_L	Laserleistung	W
p_{me}	Effektiver Mitteldruck	bar
p_{mi}	Indizierter Mitteldruck	bar
$COV\ p_{mi}$	Varianz-Koeffizienz des indizierten Mitteldrucks	%
R_m	Zugfestigkeit	MPa
$R_{p0.2}$	Dehngrenze mit 0.2 % plastischer Verformung	MPa
$r_{VK/VC}$	Verhältnis Vorkammer- zu Kompressionsvolumen	%
T	Temperatur	K
T_2	Ladelufttemperatur	°C

T_3	Abgastemperatur	°C
t_e	Bestromungsdauer des Injektors	μs
t_h	Spurabstand der einzelnen Schweißbahnen	mm
TKE	Turbulente kinetische Energie	m²/s²
v	Belichtungsgeschwindigkeit	mm/s
V_H	Hubvolumen	m³

Griechische Buchstaben

α	Halbwinkel Konus	Grad
β	Neigungswinkel zur Substratplatte	Grad
δ	Downskin-Winkel	Grad
ε	Verdichtungsverhältnis	-
η_e	Effektiver Wirkungsrad	%
η_i	Indizierter Wirkungsrad	%
λ	Luft/Kraftstoff Verhältnis	-
λ_a	Luftaufwand	-
λ_{st}	Stöchiometrisches Luft/Kraftstoff Verhältnis	-
σ_{pmi}	Schwankung des indizierten Mitteldrucks	bar
ρ	Dichte	kg/m³
ρ_B	Dichte gasförmiger oder verdampfter Kraftstoff	kg/m³³
ρ_L	Dichte Luft	kg/m³³

Abstract

To reduce CO_2-emissions in the transportation sector, methane in the form of fossil natural gas represents a bridge technology towards sustainable mobility for conventional powertrains due to its advantageous C/H-ratio. The CO_2 savings Potenzial significantly increases with the use of biogas or synthetic methane produced with renewable energy, demonstrating the long-term availability and relevance of methane as a component of sustainable mobility. The full Potenzial of methane can not be harnessed by simply substituting the fuel, but only through the adaptation and development of the combustion engine for a methane combustion-system.

This dissertation, within the Methane Lean Engine (MethMag) project publicly funded by the Federal Ministry for Economic Affairs and Climate Action under the project number 19I20014D, focuses on the comprehensive development of a methane combustion-system in a single-cylinder research engine. A three-cylinder gasoline engine with an exhaust turbocharger, gasoline direct injection, and a 1.5-liter displacement was used as the basis and reference. The development of the single-cylinder research engine was already focused on a later implementation in a three-cylinder multi-cylinder engine. A central goal was to operate the methane engine in a highly lean-burn mode to reduce nitrogen oxides. This necessitated a change in the ignition system concept from a conventional spark plug to an actively scavenged pre-chamber spark plug.

The detailed development goals of the single-cylinder methane engine are summarized as follows:

- Integration and design of an active pre-chamber spark plug for very lean-burn engine operation
- Additive manufacturing of the cylinder head and pre-chamber housing to resolve the conflict between space requirements and available space
- Maintaining the peak performance of the reference gasoline engine
- Increasing the maximum indicated efficiency η_i from 40 % to 42 %
- Increasing the indicated efficiency in various operating points

- Low NOx-emissions through highly lean-burn engine operation
- Demonstrating the suitability of the combustion-system for vehicle operation based on various engine operating points

For the suitability of the methane combustion-system, a total of five representative operating points were defined for future vehicle use. BP1 and BP2 cover low loads of 1.5 and 4 bar indicated mean pressure (IMEP) at 1500 rpm. The main investigations take place in BP3 at 2000 rpm with 10 bar IMEP with passive and actively scavenged pre-chamber spark plugs. BP4 and BP5 are used to investigate full load near the maximum torque at 2000 rpm and at the peak power at 5500 rpm.

Design of single-cylinder methane engine

The fundamental geometric dimensions such as stroke, bore, valve position and valve angle were adopted from the reference gasoline engine. This led to a variety of geometric constraints that had to be considered during the single-cylinder development. In the concept and design phases, the combustion chamber, intake and exhaust ports were redesigned for the methane combustion-system. The space of the central gasoline DI-injector and conventional spark plug was used for the integration of the active pre-chamber spark plug. To counteract a reduction in the volumetric mixture heating value compared to the gasoline direct injection of the reference engine, the methane engine was equipped with methane direct injection. This supports the torque and response behavior of the future multi-cylinder engine at low speeds with a reduction in the required boost pressure. The injection pressure is limited to 16 bar, considering an adequate driving range for the vehicle application with a multi-cylinder engine.

The first step in the conceptual development was the redesign of the cylinder head with the arrangement and design of the combustion chamber, intake and exhaust ports, methane DI injector, and active pre-chamber spark plug. The engine's charge motion to homogenize the air/fuel mixture was designed using a flat intake port to create a tumble flow in the combustion chamber. Both a central and a side position of the DI-injector in A-nozzle design were examined and evaluated using 3D-CFD simulation. The methane DI-injector is integrated below the tumble intake port, although a central position showed improved mixture homogenization. An adequately sized cooling water jacket around the central pre-chamber spark plug and injector was only possible in the limited space with a side injector position. The need for a sufficiently dimensioned coolant jacket for the cylinder head and pre-chamber spark plug was crucial from a thermo-mechanical perspective. For the side injector position, various geometries of the injector transition into the combustion chamber were simulated and evaluated regarding their contribution to mixture formation. The radial clearance, with subsequent conical tapering similar to a nozzle, proved to be advantageous for mixture formation compared to a cylindrical and downward-bent geometry.

The methane injection of minimal amounts greater than 0.3 mg per cycle into the pre-chamber spark plug was realized with a piezo-gasoline high-pressure injector. This is placed in a printed pre-chamber housing made of 42CrMo4, with the injector only connected to the pre-chamber inner volume via an overflow channel. Several pre-chamber inner geometries were designed and iteratively optimized using 3D-CFD simulation. Pre-chamber geometries with 500 and 750 mm³ inner volume were manufactured. These have a pear-shaped base volume, six bores with a 1 mm diameter and 0.5 mm height offset to create a tumble flow. The entire pre-chamber housing is directly surrounded by coolant, with targeted cooling around the injector and pre-chamber internal geometry realized through an integrated ring channel cooling in the printed part. Additive manufacturing allows the integration of two completely separate coolant jackets in the cylinder head: one for the combustion chamber roof, valve seat rings, and exhaust port, and another coolant jacket only for the pre-chamber spark plug. This enables thermal conditioning of the pre-chamber housing via the coolant inlet temperature, independent of the cylinder head. The coolant jacket of the cylinder head was designed for additive manufacturing. An optimization of the channel geometry and cross-sections enabled manufacturing free of support structures. The new coolant jacket achieved a homogeneous temperature distribution of the combustion chamber roof during stationary full load in the 3D-CHT simulation. The thermally highly stressed areas and components were reviewed to stand the methane combustion-system.

The compression ratio of the single-cylinder methane engine was increased to ε 15 with a flat piston geometry. For thermodynamic analysis, a pressure sensor was installed in both the pre-chamber spark plug and the main combustion chamber. At the end of the detailed design phase, the highly stressed components, such as the cylinder head, pre-chamber housing, cylinder housing, cylinder liner, and studs, were reviewed to stand the increased loads using FEM simulation.

Validation of the Single-Cylinder Methane Engine

The single-cylinder methane engine was both simulated and partially investigated on the testbench in stoichiometric and lean-burn engine operation with passive and actively scavenged pre-chamber spark plugs. The engine was operated for thermodynamic studies on the test bench at 2000 rpm and 10 bar indicated mean pressure. In the first step, a variation of the injection timing of the DI-injector in the main combustion chamber was performed under stoichiometric operation. Early injection with the intake valve open increased the boost pressure requirement by more than 100 mbar due to displacement effects. At the same time, early injection provided more time for mixture formation, thereby reducing in-engine HC-emissions. An injection timing near the closing of the intake valve proved to be a good compromise between HC-emissions and boost pressure requirements.

A sensitivity analysis of the engine to the variation of the injected methane mass into the pre-chamber at Lambda 1.4 showed an increase in HC-emissions with increasing fuel mass in the pre-chamber. The coefficient of variation of the indicated mean effective pressure (COV IMEP) decreased with increased fuel mass injected into the pre-chamber. The differential pressure formed from the pressure sensors in the pre-chamber and main combustion chamber were used as an indicator for evaluating the quality of the pre-chamber combustion. The maximum differential pressure from the pre-chamber to the main combustion chamber could be increased from 0.3 bar to over 3 bar with the actively scavenged pre-chamber spark plug compared to the passive one. Early methane injection into the pre-chamber spark plug near the charge exchange top dead center (TDC) showed the lowest HC-emissions and the lowest COV IMEP. Simultaneously, the indicated efficiency could be increased by 0.3 %-points.

For the desired NOx-low engine operation, the lean-burn capability was crucial. It could be increased for the pre-chamber with 500 mm³ inner volume in part-load from Lambda 1.4 to Lambda 1.6 through active scavenging of the pre-chamber spark plug. The lean-burn limit was defined at 3 % COV IMEP. The burn delay, defined from the ignition timing to 5 % mass fraction burned (MFB), can be reduced and maintained nearly constant for a longer period by scavenging the pre-chamber. The main reason for this is the reduction of residual gas content in the pre-chamber. At Lambda 1.4, the burn delay could be reduced from 14 to 24 °CA by active scavenging.

Lowering the coolant temperature of the pre-chamber cooling compared to the cylinder head cooling by 35 °C to 55 °C showed no clear thermodynamic trend, only a minimal reduction in COV IMEP. In a load sweep, the maximum indicated efficiency of 43.7 % was achieved at 16 and 17 bar IMEP with an optimal MFB50 % at 8 °CA a.FTDC (after firing top dead center) and Lambda 1.4. This represents an increase of 3.5 %-points compared to the gasoline engine.

Increasing the pre-chamber inner volume from 500 mm³ to 750 mm³ resulted in a tripling of the maximum differential pressure from the pre-chamber to the main combustion chamber. This was accompanied by a moderate reduction in NOx and HC-emissions. The COV IMEP decreased with the volume increase and could be maintained nearly constant for a longer period. The indicated efficiency decreased slightly, attributed to increased wall heat losses.

To calibrate and validate the 3D-CFD simulation, the injected methane mass into the pre-chamber was varied on the test bench and in simulations, and the results were compared. It was shown that increasing the injected amount from approximately $\approx$ 3 % to $\approx$ 8 % of the total fuel mass into the pre-chamber could reduce the residual gas content in the pre-chamber during the intake stroke from 35 % to 11 %. The Lambda distribution and residual gas content at the ignition point were comparable. Thus, the variation of the timing and amount of methane injection into the pre-chamber effectively controls the cleaning of the pre-chamber from residual gas. A direct influence of active pre-chamber scavenging on smooth operation, emissions, and lean-burn capability was observed. Direct control of the mixture in the pre-chamber was not possible through active injection. The mixture composition in the pre-chamber spark plug was dominated by the resulting flow field during the compression stroke and not by the injection into the pre-chamber.

Conclusion

Methane offers enormous Potenzial for the immediate reduction of greenhouse gases in the transportation sector. This Potenzial can be utilized through a comprehensive development-system with the adaptation of the cylinder head, combustion chamber geometry, and ignition system. The use of an actively scavenged pre-chamber spark plug allows for highly lean operation with a reduction in NOx. The design freedom through the use of additive manufacturing facilitates the integration of the voluminous pre-chamber spark plug centrally in the cylinder head in a limited space. Compared to the reference gasoline engine, the methane engine showed an increase in indicated efficiency in both part and full load, either through simulation or experimentally. The methane combustion-system demonstrated an increase in indicated efficiency by 1.5 to 7 %-points compared to the gasoline engine in the five defined operating points. The highest efficiency gains were achieved in low and high load operating points.

Kurzfassung

Die Notwendigkeit zur Reduktion von CO_2-Emissionen im Verkehrssektor bedarf der Entwicklung technischer Lösungen im Antriebsbereich. Dabei zeichnet sich eine Diversifizierung von konventionellen und alternativen Antrieben und deren Energieträger ab. Zur Erreichung der ambitionierten Ziele sind sowohl kurzfristig umsetzbare als auch langfristig nachhaltige Technologien erforderlich. Für konventionelle Antriebe stellt Methan in Form von fossilem Erdgas durch das vorteilhafte C/H-Verhältnis bereits einen potenziellen Baustein auf dem Weg zur nachhaltigen Mobilität dar. Eine zukünftige Umstellung von fossilem Erdgas zur Verwendung von Biogas oder mittels regenerativ gewonnener Energie hergestelltem Methan kann mittel- und langfristig das CO_2-EinsparPotenzial weiter erhöhen. Eine einfache Substitution des Kraftstoffes schöpft dabei nicht das volle Potenzial aus. Dies erfordert eine konstruktive Anpassung der mechanischen und thermodynamischen Auslegung des Motors. Mit Ziel dieser Auslegung entstand die Arbeit im Rahmen des Projektes Methan Magermotor (MethMag) und wurde vom Bundesministerium für Wirtschaft und Klimaschutz mit dem Kennzeichen 19I20014D öffentlich gefördert. Innerhalb des Projekts befasst sich die Dissertation mit der Umsetzung einer ganzheitlichen Entwicklung eines Methan-Brennverfahrens an einem Einzylinder-Forschungsmotor. Als Basis und Referenz wurde ein Dreizylinder-Benzinmotors mit Abgasturbolader, Benzin-Direkteinspritzung und 1.5 l Hubraum verwendet. Die Entwicklung des Einzylinder-Forschungsmotor erfolgte bereits mit Fokus auf eine spätere Implementierung an einem Dreizylinder-Vollmotor. Ein zentrales Ziel war es den Methanmotor stark überstöchiometrisch betreiben zu können, um eine Reduktion der Stickoxide zu erreichen. Dies begründete den Konzeptwechsel des Zündsystems von einer konventionellen Zündkerze zu einer aktiv gespülten Vorkammerzündkerze. Die detaillierten Entwicklungsziele des Einzylinder-Methanmotors sind im Folgenden zusammengefasst:

- Integration und Gestaltung einer aktiven Vorkammerzündkerze für stark überstöchiometrischen Motorbetrieb
- Additive Fertigung von Zylinderkopf und Vorkammergehäuse zur Entschärfung des Zielkonflikts aus Bauraumbedarf und verfügbarem Bauraum
- Erhalt der Spitzenleistung des Referenz-Benzinmotors
- Steigerung des maximalen, indizierten Wirkungsgrads η_i von 40 % auf 42 %
- Steigerung des indizierten Wirkungsgrades in unterschiedlichen Betriebspunkten
- Geringe NOx-Emissionen durch stark überstöchiometrischen Motorbetrieb
- Nachweis der Tauglichkeit des Brennverfahrens für den Fahrzeugbetrieb anhand verschiedener Motorbetriebspunkten

Für die Tauglichkeit des Methan-Brennverfahrens sind insgesamt fünf repräsentative Betriebspunkte für einen späteren Fahrzeugeinsatz definiert worden. BP1 und 2 umfassen niedere Lasten von 1.5 und 4 bar indiziertem Mitteldruck bei 1500 1/min. Die Hauptuntersuchungen laufen in BP3 bei 2000 1/min mit 10 bar mit passiv und aktiv gespülter Vorkammerzündkerze. BP4 und 5 dienen der Untersuchung der Volllast nahe des max. Drehmoments bei 2000 1/min und im Nennleistungspunkt bei 5500 1/min.

Gestaltung des Einzylinder-Methanmotors

Die grundlegenden, geometrischen Größen wie Hub, Bohrung, Ventilposition und Ventilwinkel wurden vom Referenz-Benzinmotor übernommen. Dies begründete eine Vielzahl an geometrischen Restriktionen, die es bereits in der Einzylinder-Entwicklung zu berücksichtigen gab. In der Konzept- und Konstruktionsphase wurden für das Methan-Brennverfahren der Brennraum sowie die Ladungswechselkanäle neu gestaltet. Den Bauraum von zentralem Benzin DI-Injektor und konventioneller Hakenzündkerze wurde für die Integration der aktiven Vorkammerzündkerze genutzt. Um einer Reduktion des volumetrischen Gemischheizwertes gegenüber der Benzin-Direkteinspritzung des Referenzmotors entgegenzuwirken, wurde der Methanmotor mit einer Methan-Direkteinblasung ausgestattet. Dies unterstützt das Drehmoment und Ansprechverhalten des späteren Vollmotors bei niedrigen Drehzahlen mit Reduktion des benötigten Ladedrucks. Der Einblasdruck wird unter Berücksichtigung einer adäquaten Reichweite der Fahrzeuganwendung mit Vollmotor auf 16 bar begrenzt. Der Zylinderkopf mit Anordnung und Gestaltung von Brennraum, Ladungswechselkanälen, Methan DI-Injektor und aktiver Vorkammerzündkerze war der erste Schritt der konzeptionellen Entwicklung. Die Ladungsbewegung des Motors zur Homogenisierung des Luft/Kraftstoff-Gemisches wurde über einen flachen Einlasskanal zur Ausbildung einer Tumbleströmung im Brennraum ausgelegt. Sowohl eine zentrale als auch seitliche Lage des DI-Injektors in A-Düsen Ausführung wurden mittels 3D-CFD Simulation untersucht und bewertet. Der Methan DI-Injektor wird unterhalb des Tumble Einlasskanals integriert obwohl eine zentrale Lage eine verbesserte Homogenisierung des Gemisches zeigte. Ein ausreichend dimensionierter Kühlwassermantel um die zentrale Vorkammerzündkerze und den Injektor war auf dem beengten Bauraum nur mit seitlicher Injektor Position möglich. Die Notwendigkeit eines ausreichend dimensionierten Kühlwassermantels für Zylinderkopf und Vorkammerzündkerze waren aus thermo-mechanischer Betrachtung Konzept entscheidend. Für die seitliche Injektor Position wurden verschiedene Geometrien des Injektorübertritts in den Brennraum simulativ auf ihren Beitrag zur Gemischbildung bewertet. Die radiale Freistellung, mit anschließender konischer Verjüngung ähnlich einer Düse, stellte sich gegenüber einer zylindrischen und nach unten gebogener Geometrie für die Gemischbildung als vorteilhaft heraus.

Die Methan-Einblasung minimaler Mengen größer 0.3 mg je Zyklus in die Vorkammerzündkerze wurde mit einem Piezo-Benzin-Hochdruckinjektor realisiert. Dieser ist in ein gedrucktes Vorkammergehäuse aus 42CrMo4 platziert, wobei der Injektor nur über einen Überströmkanal mit dem Vorkammer-Innenvolumen verbunden ist. Es wurden mehrere Vorkammer-Innengeometrien gestaltet und mittels 3D-CFD Simulation iterativ optimiert. Es wurden je eine Vorkammer-Innengeometrien mit 500 und 750 mm³ Innenvolumen gefertigt. Diese haben ein birnenförmiges Grundvolumen, sechs Bohrungen mit 1 mm Durchmesser und 0.5 mm Höhenversatz zur Erzeugung einer Tumble Strömung. Das gesamte Vorkammergehäuse ist direkt mit Kühlmittel umströmt, wobei eine zielgerichtete Kühlung um Injektor und Vorkammer-Innengeometrie mittels integrierter Ringkanalkühlung im Druckteil realisiert wurde. Die additive Fertigung ermöglicht die Integration zweier vollständig separierten Kühlwassermäntel im Zylinderkopf. Einen für Brennraumdach, Ventilsitzringe und Auslasskanal und ein weiterer Kühlwassermantel nur für die Vorkammerzündkerze. Hierdurch ist eine thermische Konditionierung des Vorkammergehäuses über die Kühlmittel-Einlauftemperatur, unabhängig vom Zylinderkopf möglich. Der Kühlwassermantel des Zylinderkopfs wurde auf eine Fertigung in additiver Herstellung ausgelegt. Eine Optimierung der Kanalgeometrie und Kanalquerschnitten ermöglichte eine Herstellung frei von Stützstrukturen. Durch den neuen Kühlwassermantel konnte eine homogene Temperaturverteilung des Brennraumdaches bei stationärer Volllast in der 3D-CHT Simulation erreicht werden. Die thermisch hochbelasteten Bereiche und Komponenten wurden für das Methan-Brennverfahren abgesichert.

Das Verdichtungsverhältnis des Einzylinder-Methanmotors wurde mit einer flachen Kolbengeometrie auf ε 15 angehoben. Zur thermodynamischen Analyse wurde ein Druckaufnehmer in Vorkammerzündkerze sowie Hauptbrennraum verbaut. Zum Abschluss der Detailkonstruktion wurden die hochbelasteten Komponenten Zylinderkopf, Vorkammergehäuse, Zylindergehäuse, Zylinderlaufbuchse und Stehbolzen mittels FEM Simulation für die gesteigerte Belastungen mechanisch abgesichert.

Validierung des Einzylinder-Methanmotors
Der Einzylinder-Methanmotor wurde sowohl in stöchiometrischem als auch überstöchiometrischem Motorbetrieb mit passiver und aktiv gespülter Vorkammerzündkerze simulativ und teilweise experimentell untersucht. Betrieben wurde der Motor für die thermodynamischen Untersuchungen auf dem Prüfstand bei 2000 1/min und 10 bar indiziertem Mitteldruck. Im ersten Schritt wurde eine Variation des Einblasezeitpunkts des DI-Injektors im Hauptbrennraum bei stöchiometrischem Betrieb durchgeführt. Eine frühe Einblasung bei geöffnetem Einlassventil erhöhte aufgrund der Verdrängungseffekte den Ladedruckbedarf um mehr als 100 mbar. Gleichzeitig brachte die frühe Einblasung mehr Zeit für die Gemischbildung und reduzierte so die innermotorischen HC-Emissionen. Ein Einblasezeitpunkt nahe dem Schließen des Einlassventils stellte sich als guter Kompromiss aus HC-Emissionen und Ladedruckbedarf heraus.

Eine Sensitivitätsanalyse des Motors auf Variation der eingeblasenen Methanmasse in die Vorkammer bei Lambda 1.4 zeigte einen Anstieg der HC-Emissionen bei steigender Kraftstoffmasse in der Vorkammer. Die $COV\ p_{mi}$ reduziert sich bei Erhöhung der Einblasung in die Vorkammer. Durch den Druckaufnehmer in Vorkammer sowie Hauptbrennraum konnte der Differenzdruck aus beiden gebildet und als Indikator zur Bewertung des Vorkammerausbrands verwendet werden. Der max. Differenzdruck von Vorkammer zu Hauptbrennraum konnte von passiver zu aktiv gespülter Vorkammerzündkerze von 0.3 bar auf über 3 bar verzehnfacht werden. Eine frühe Einblasung des Methans in die Vorkammerzünderze nahe des Ladungswechsel-OT zeigte die geringsten HC-Emissionen und die geringste Varianz-Koeffizienz des indizierten Mitteldrucks. Gleichzeitig konnte der indizierte Wirkungsgrad um 0.3 %-Punkte gesteigert werden.

Für den angestrebten Stickoxid-armen Motorbetrieb war die Abmagerungsfähigkeit entscheidend. Diese konnte für die Vorkammer mit 500 mm³ Innenvolumen in der Teillast von Lambda 1.4 auf Lambda 1.6 durch aktive Spülung der Vorkammerzündkerze angehoben werden. Das Abbruchkriterium der Abmagerungsfähigkeit wurde bei 3 % $COV\ p_{mi}$ definiert. Der Brennverzug, definiert von Zündzeitpunkt bis Umsetzung von 5 % Kraftstoffmasse, kann durch Spülung der Vorkammer reduziert und länger nahezu konstant gehalten werden. Hauptverantwortlich hierfür ist die Reduktion des Resgasgehalts in der Vorkammer. Bei Lambda 1.4 konnte der Brennverzug durch die aktive Spülung von 14 auf 24 °KW reduziert werden.

Ein Absenken der Kühlmitteltemperatur der Vorkammerkühlung gegenüber der Zylinderkopfkühlung um 35 °C auf 55 °C zeigte keinen eindeutigen thermodynamischen Trend, lediglich eine minimal Reduktion der $COV\ p_{mi}$. Im Rahmen eines Lastschnittes wurde der maximale indizierte Wirkungsgrad von 43.7 % bei 16 und 17 bar p_{mi} bei optimaler Verbrennungsschwerpunktlage von 8 °KW n.ZOT und Lambda 1.4 erzielt. Dies stellt eine Steigerung um 3.5 %-Punkte gegenüber dem Benzinmotor dar.

Eine Vergrößerung des Vorkammer Innenvolumens von 500 mm³ auf 750 mm³ zeigt eine Verdreifachung des maximalen Differenzdrucks von Vorkammer zu Hauptbrennraum. Damit einher geht eine moderate Reduktion der Stickoxid und HC-Emissionen. Die $COV\ p_{mi}$ reduziert sich durch die Volumenvergrößerung und kann länger nahezu konstant gehalten. Der indizierte Wirkungsgrad reduzierte sich minimal, was auf erhöhte Wandwärmeverluste zurückzuführen ist.

Zum Abgleich und Validierung der 3D-CFD Simulation wurden am Prüfstand und simulativ die eingeblasenen Methanmasse in die Vorkammer variiert und die Ergebnisse abgeglichen. Es zeigte sich, dass bei Erhöhung der eingeblasenen Menge von $\approx 3\,\%$ auf $\approx 8\,\%$ der gesamten Kraftstoffmasse in die Vorkammer der Restgasgehalt in der Vorkammer im Saughub von $35\,\%$ auf $11\,\%$ gesenkt werden konnte. Die Lambdaverteilung und der Restgasgehalt zum Zündzeitpunkt waren jedoch vergleichbar. Die Variation von Zeitpunkt und Menge der Methaneinblasung in die Vorkammer regelt somit effektiv die Reinigung der Vorkammer von Restgas. Ein direkter Einfluss der aktiven Spülung der Vorkammer auf Laufruhe, Emissionen und Abmagerungsfähigkeit war erkennbar. Eine direkte Steuerung des Gemisches in der Vorkammer war durch die aktive Einblasung nicht möglich. Die Gemischzusammensetzung in der Vorkammerzündkerze wurde durch das resultierende Strömungsfeld während des Kompressionshubs und nicht durch die Einblasung in die Vorkammer dominiert.

Fazit

Methan eröffnet ein enormes Potenzial zur unmittelbaren Reduktion von Treibhausgasen im Verkehrssektor. Das Potenzial kann durch einen umfassenden Entwicklungsprozess mit Adaption von Zylinderkopf, Brennraumgeometrie und Zündsystem genutzt werden. Die Verwendung einer aktiv gespülten Vorkammerzündkerze ermöglicht einen stark überstöchiometrischen Betrieb mit Reduktion der innermotorischen Stickoxide. Die konstruktive Gestaltungsfreiheit durch Einsatz additiver Fertigungsverfahren erleichtert die Integration der voluminösen Vorkammerzündkerze zentral im Zylinderkopf auf beengten Bauraum erheblich. Im Vergleich von Referenz Benzin- zu Methanmotor konnte eine Steigerung des Wirkungsgrads in Teil- und Volllast simulativ oder simulativ und im Versuch erzielt werden. Das Methan-Brennverfahren zeigte eine Anhebung des indizierten Wirkungsgrades von 1.5 bis 7 %-Punkten gegenüber dem Benzinmotor in den fünf definierten Betriebspunkten. Die höchste Effizienzsteigerung konnte in den Nieder- und Hochlast Betriebspunkten realisiert werden.

1 Einleitung

Die Umsetzung eines nachhaltigen Klimaschutzes sowie die Reduktion von Treibhausgasen sind zentrale Aufgaben von Forschung und Entwicklung im 21. Jahrhundert. Die weltweiten Kohlenstoffdioxid (CO_2)-Emissionen sollen bis zum Jahr 2030 um 45 %, verglichen mit 2010, reduziert werden [58]. Im Verkehrssektor erfordert das Ziel der drastischen Reduktion von Treibhausgasen effektive und zeitnah realisierbare technische Lösungen zur Dekarbonisierung der Antriebssysteme. Die Nutzung von Methan in Verbrennungsmotoren ist eine Technologie, um den klima- und umweltpolitischen Anforderungen gerecht zu werden. Dabei kann bereits durch die Umstellung von Benzin auf fossiles Methan bzw. Erdgas eine Reduktion der CO_2-Emissionen von ≈ 25 %, aufgrund des besseren Verhältnisses von Kohlenstoff zu Wasserstoff (C/H-Verhältnis) des Methan Moleküls, erreicht werden [72, 74]. Das CO_2 EinsparPotenzial steigt durch die Verwendung von Biogas oder mit regenerativ gewonnener Energie hergestelltem, synthetischem Methan enorm und zeigt zusammen mit der langfristigen Verfügbarkeit die Relevanz von Methan als Baustein für eine nachhaltige Mobilität.

1.1 Motivation und Ziele

Das volle Potenzial von Methan kann nicht durch einfache Substitution des Kraftstoffes, sondern nur durch eine Anpassung und Entwicklung des Verbrennungsmotors für ein Methan-Brennverfahren ausgeschöpft werden. Die vorliegende Dissertation umfasst diesen gesamtheitlichen Entwicklungsprozess für einen Einzylinder-Methanmotor im Rahmen des vom Bundesministerium für Wirtschaft und Klimaschutz BMWK öffentlich geförderten Forschungsprojektes Methan Magermotor (MethMag). Als Referenz und Ausgangsbasis dient ein Dreizylinder-Benzinmotor, um den Methanmotor quantitativ vergleichen und bewerten zu können.

© Der/die Autor(en), exklusiv lizenziert an
Springer Fachmedien Wiesbaden GmbH, ein Teil von Springer Nature 2025
S. Bucherer, *Konzept, Design und Validierung eines Einzylinder-Methan-Brennverfahrens mit konditionierter aktiver Vorkammerzündkerze unter Nutzung additiver Fertigungsverfahren*, Wissenschaftliche Reihe
Fahrzeugtechnik Universität Stuttgart,
https://doi.org/10.1007/978-3-658-48237-4_1

Die Neukonstruktion eröffnet viele Freiheitsgrade zur Entwicklung des Methan-Brennverfahrens. So kann beispielsweise das Verdichtungsverhältnis zur Ausnutzung der höheren Klopffestigkeit von Methan für eine weitere Wirkungsgradsteigerung angehoben werden. Durch den Konzeptwechsel des Zündsystems von konventioneller Zündkerze zu aktiver Vorkammerzündkerze soll ein Stickoxid (NOx)-armer Motorbetrieb im überstöchiometrischen Bereich ermöglicht werden. Die Anhebung des Verdichtungsverhältnisses und die Verwendung einer Vorkammerzündkerze führen jedoch zu höheren Zylinderdrücken und Spitzentemperaturen. Die resultierende höhere thermische und mechanische Belastung des Aggregats sind im Konstruktions- und Entwicklungsprozess zu beachten. Der gesteigerte Bauraumbedarf durch die aktive Vorkammerzündkerze bei gleichzeitig erhöhtem Kühlungsbedarf stellt einen konstruktiv zu lösenden Zielkonflikt dar. Diesen Zielkonflikt gilt es durch die Ausnutzung von additiven Fertigungsverfahren für Zylinderkopf und Vorkammergehäuse zu entschärfen.

Neben Effizienzsteigerung und Emissionsreduktion sind der Erhalt der Spitzenleistung des Referenz-Benzinmotors und eine adäquate Fahrzeugreichweite essenziell für die Alltagstauglichkeit und Kundenakzeptanz. Darauf basierend sind die Entwicklungsziele für den neuen Methanmotor im Folgenden definiert.

Entwicklungsziele

- Integration und Gestaltung einer aktiven Vorkammerzündkerze für stark überstöchiometrischen Motorbetrieb
- Additive Fertigung von Zylinderkopf und Vorkammergehäuse zur Entschärfung des Zielkonflikts aus Bauraumbedarf und verfügbarem Bauraum
- Erhalt der Spitzenleistung des Referenz-Benzinmotors
- Steigerung des maximalen, indizierten Wirkungsgrads η_i von 40 % auf 42 %
- Steigerung des indizierten Wirkungsgrades in unterschiedlichen Betriebspunkten
- Geringe NOx-Emissionen durch stark überstöchiometrischen Motorbetrieb
- Nachweis der Tauglichkeit des Brennverfahrens für den Fahrzeugbetrieb anhand verschiedener Motorbetriebspunkten

1.2 Ablauf Entwicklungsprozess

Zur Erreichung der definierten Ziele ist die Erarbeitung eines strukturierten Entwicklungsprozesses notwendig. Eine allgemeine Herangehensweise für einen Konstruktionsprozess wird in VDI 2221 und VDI 2222 beschrieben und in die vier Konstruktionsphasen, Planen, Konzipieren, Entwerfen und Ausarbeiten unterteilt [65, 66, 68]. Darauf basierend zeigt Abbildung 1.1 den Prozessablauf einer Neukonstruktion bei bereits abgeschlossener Planungsphase.

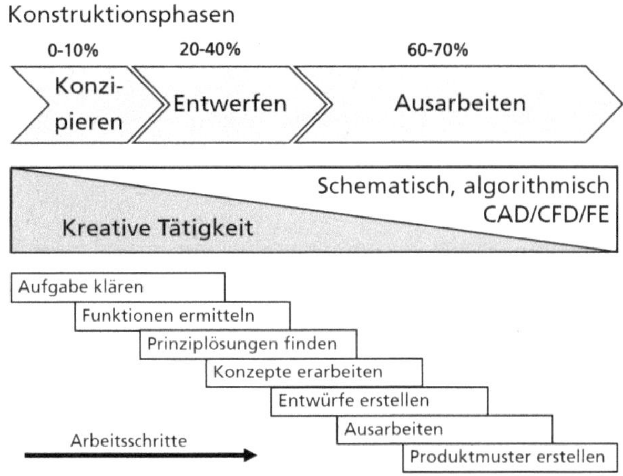

Abbildung 1.1: Prozessablauf Neukonstruktion Allgemein [15]

Zu Beginn des Entwicklungs- bzw. Konstruktionsprozesses steht die Aufgabenklärung, Funktions- und Lösungsermittlung mit hohem Anteil kreativer Tätigkeit im Fokus. Dies gilt speziell in der Konzeptphase. Bei Fortschreiten des Prozesses und ausreichender Konzeptreife rücken die algorithmische Entwicklung und Detailausarbeitung in den Vordergrund [15, 31, 65]. Dieser allgemeine Prozess einer Neukonstruktion wird auf die Entwicklung des Einzylinder-Methanmotors übertragen und ist in Abbildung 1.2 an die Anforderungen angepasst dargestellt.

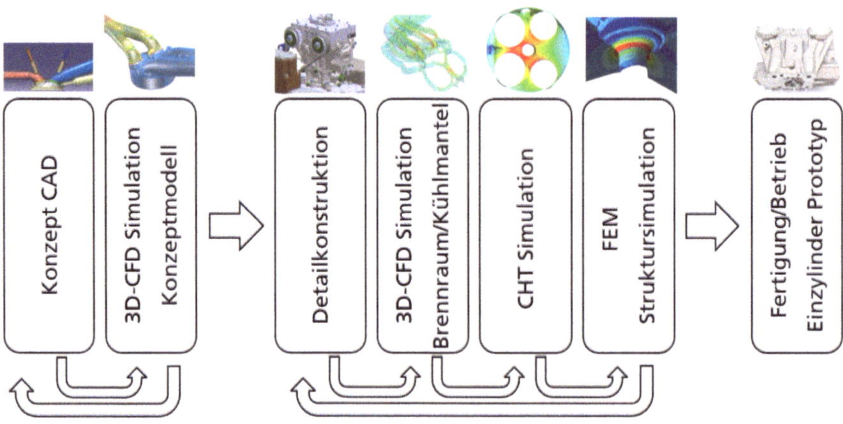

Abbildung 1.2: Prozessablauf Entwicklungsprozess

Der Entwicklungsprozess ist ein iteratives Zusammenspiel zwischen konstruktiver Gestaltung im Computer-Aided Design (CAD) und simulativer Untersuchung sowie Bewertung der Geometrie. Der aufgezeigte Prozess kann grundsätzlich in die drei Entwicklungsphasen, Konzeptionierung, Detailgestaltung und Experimentelle Untersuchungen unterteilt werden. Die Detailgestaltung fasst dabei die allgemeinen Phasen des Entwerfens und Ausarbeitens zusammen.

Die Konzeptionierung besteht aus der Erarbeitung der ersten Gestaltung und Anordnung aller thermodynamisch relevanten Komponenten des Zylinderkopfs sowie des gesamten Brennraums im CAD. Der Fokus liegt dabei auf dem Brennraumdach, den Ladungswechselventilen, Ventilsitzringen, Ladungswechselkanälen sowie der Position von aktiver Vorkammerzündkerze, Injektor und Nockenwellen. Die Positionierung der genannten Komponenten erfolgt unter Berücksichtigung des Bauraumbedarfs eines ausreichend dimensionierten Zylinderkopf Kühlwassermantels. Dieser wird parallel zum Brennraummodell rudimentär erstellt. Die thermodynamische Konzeptionierung des neuen Motors wird durch Modellierung der Zylinderwand und ersten Kolbenkrone komplettiert. Das so entstandene Flächen-Modell wird mittels drei dimensionaler (3D) Computational Fluid Dynamics (CFD) Strömungssimulationen des Brennraums simulativ untersucht und bewertet. Die numerischen Strömungssimulationen in dieser Arbeit werden mittels des am IFS/FKFS Stuttgart entwickelten, 3D-CFD Werkzeugs QuickSim durchgeführt. Dies ist speziell für die Simulation von Verbrennungskraftmaschinen entwickelt und benutzt das kommerziell verfügbare Programm Star-CD als Solver. Durch die Adaption und Nutzung von optimierten Rechenmodellen für Verbrennungskraftmaschinen kann eine gröbere Vernetzung gegenüber traditioneller 3D-CFD Ansätze verwendet werden, ohne den Detailgrad der Rechenergebnisse dabei zu beeinträchtigen. Dies reduziert folglich die Rechenzeit und ermöglicht die Berechnung mehrerer, aufeinander folgenden Zyklen selbst für Vollmotoren. In der frühen Konzept- und Entwicklungsphase kann durch die verkürzte Rechenzeit die Anzahl an simulierten Geometrievarianten innerhalb der begrenzten Projektzeit maximiert werden [11]. Auf Basis der 3D-CFD Ergebnisse wird die Geometrie iterativ überarbeitet, erneut simulativ bewertet und das Konzept mit dem höchsten Potenzial ausgewählt.

In der anschließenden Phase der Detailgestaltung wird darauf aufbauend der gesamte Einzylindermotor detailliert ausgearbeitet. Der Zylinderkopf stellt neben aktiver Vorkammerzündkerze, Kolben und Zylinderlaufbuchse mit Zylindergehäuse, die Hauptkomponente der Entwicklung dar. Die Geometrie des Kühlwassermantels von Zylinderkopf, Vorkammerzündkerze (VK) und Zylindergehäuse werden mittels einer 3D-CFD Strömungssimulation hinsichtlich Druckverlust, Strömungsgeschwindigkeit und Vermeidung von Totgebieten iterativ optimiert. Anschließend werden die Oberflächen- und Metalltemperaturen der thermisch hochbelasteten Komponenten mittels 3D-Conjugate Heat Transfer (CHT) Simulation berechnet. Die thermischen Belastungen ergeben sich dabei aus den Wärmeströmen der Thermodynamik Simulation des Brennraums. Die strukturmechanische Absicherung der Bauteile erfolgt über eine Finite Elemente Methode (FEM) Struktursimulation. Hierbei werden neben den mechanischen Belastungen auch die thermischen Lasten aus der Berechnung der Metalltemperatur berücksichtigt. Die Simulationsergebnisse werden ausgewertet und notwendige Geometrieänderungen abgeleitet. Die Schleife zwischen konstruktiven Anpassungen der Geometrie, 3D-CFD Simulation, CHT Simulation und FEM Simulation wird mehrfach durchlaufen, bis die finale Bauteilgeometrie erreicht ist. Den letzten Schritt im Entwicklungsprozess stellt die Fertigung mit anschließender experimenteller Untersuchung des Motors auf dem Motorenprüfstand dar.

2 Stand der Technik

Seit über hundert Jahren sind Verbrennungsmotoren ein grundlegender Bestandteil von Kraftfahrzeugen aller Art. Für den Betrieb existiert eine große Vielfalt verschiedener Kraftstoffe. Flüssige Kraftstoffe, wie Benzin oder Diesel sowie gasförmige Kraftstoffe, wie Erdgas, Methan oder Wasserstoff kommen dabei zum Einsatz. Die Entwicklung der Verbrennungsmotoren selbst, der Kraftstoffherstellung sowie der Fertigungsverfahren schreitet stetig voran. Hierzu wird ein Überblick zum aktuellen Stand der Technik von Methanmotoren, deren Zündsysteme und additiver Fertigungstechnik von metallischen Werkstoffen gegeben.

2.1 Methan in Verbrennungsmotoren

2.1.1 Regenerative Methanherstellung

Neben der Förderung und Verwendung von fossilem Erdgas stehen verschiedene Technologien zur regenerativen Erzeugung von Methan zur Verfügung. Diese Herstellungsverfahren basieren zum Teil auf der anaeroben Vergärung von Gülle, Bio- und Grünabfällen sowie nachwachsenden Ressourcen bzw. Energiepflanzen, wie z.B. Mais. Methan kann ebenfalls über das Power-to-Gas (PtG) Verfahren durch Methansynthese hergestellt werden. Abbildung 2.1 zeigt beide Technologiepfade zur Produktion von regenerativ hergestelltem Methan.

© Der/die Autor(en), exklusiv lizenziert an
Springer Fachmedien Wiesbaden GmbH, ein Teil von Springer Nature 2025
S. Bucherer, *Konzept, Design und Validierung eines Einzylinder-Methan-Brennverfahrens mit konditionierter aktiver Vorkammerzündkerze unter Nutzung additiver Fertigungsverfahren*, Wissenschaftliche Reihe
Fahrzeugtechnik Universität Stuttgart,
https://doi.org/10.1007/978-3-658-48237-4_2

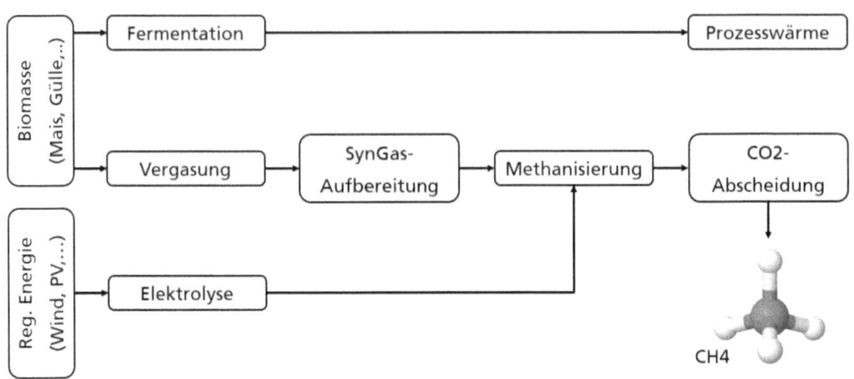

Abbildung 2.1: Prozessablauf zur Herstellung von regenerativem Methan über
Biomasse und Power-to-Gas [27]

Bei Herstellung von Methan über Biogas muss dieses im Anschluss an den
Vergärungsprozess aufbereitet werden, um den Methananteil zu erhöhen und
nicht brennbare Elemente abzuscheiden. Anschließend kann das gewonnene
Methan äquivalent zu fossilem Erdgas verwendet werden. Bei Produktion von
Methan durch das PtG-Verfahren wird über erneuerbar gewonnenen Strom
aus z.B. Wind- oder Solarenergie grüner Wasserstoff elektrolytisch erzeugt
und mit CO_2 zu Methan synthetisiert. Ein anschließender Reinigungs- oder
Aufbereitungsprozess wie für das Biogas ist hierbei nicht nötig [26, 27, 62].

2.1.2 Spezifische Stoffeigenschaften von Methan

Für den Einsatz und die Eignung im Verbrennungsmotor sind verschiedene
physikalische und chemische Eigenschaften sowie Kennzahlen der Kraftstoffe
relevant. Tabelle 2.1 schafft einen Vergleich zwischen europäischem, kommerziell erhältlichen Super Plus Kraftstoff nach DIN EN 228 mit 5 % Ethanol Anteil
(E5) und Methan für verschiedene, relevante Kennzahlen.

Tabelle 2.1: Vergleich von Benzin ROZ98 zu Methan [62]

	Europäischer ROZ98 Super Plus Benzin	Methan
Spez. CO_2-Ausstoß [kg/MJ]	73.8	54.8
C/H-Verhältnis [-]	$\approx 1{:}2$	1:4
Oktanzahl [-]	98	≈ 130
Stöchi. Luft/Kraftstoff-Verhältnis λ_{st} [-]	14.7	17.2
Spez. Heizwert H_i [MJ/kg]	42	50
Dichte (Standard Zustand) ρ [kg/m^3]	730	0.72

Der geringere, spezifische CO_2-Ausstoß von Methan verglichen mit Super Plus Benzin basiert auf den vorteilhaften Stoffeigenschaften bezogen auf das C/H-Verhältnis und den spezifischen Energiegehalt. Ein signifikanter Unterschied der Kraftstoffe zeigt sich bei Betrachtung der Klopffestigkeit, die für ottomotorische Kraftstoffe mit der Oktanzahl (ROZ) angegeben wird. Für gasförmige Kraftstoffe wird die Klopffestigkeit über die Methanzahl (MZ) quantifiziert, die für reines Methan bei 100 liegt. Die hohe Klopffestigkeit von Methan mit umgerechnet ROZ $\approx$ 130 gegenüber 98 für Super Plus Benzin ermöglicht eine Anhebung des Verdichtungsverhältnisses und damit des Wirkungsgrads des Motors. Für höhere Verdichtungsverhältnisse und Magerbrennverfahren sollte auch die Spitzendruckfähigkeit des Aggregats angehoben werden, um Wirkungsgrad optimierte Verbrennungsschwerpunktlagen über einen großen Motorkennfeldbereich realisieren zu können [64]. Neben den genannten chemischen und thermodynamischen Vorteilen weist Methan aufgrund des gasförmigen Aggregatzustands im Normalzustand eine um Faktor $\approx$ 1000 geringere Dichte als flüssiges ROZ98 Benzin auf. Zur Steigerung der gravimetrischen Dichte und damit direkt der maximalen Fahrzeug Reichweite findet eine gasförmige Speicherung von Erdgas unter dem Begriff Compressed Natural Gas (CNG) in Druckbehältern in Fahrzeugen statt. Der meist verwendete, maximale Tankdruck von 200 bar ist auf die Wirtschaftlichkeit der Tankherstellung und den energetischen Kompromiss von Kompressionsarbeit zu Dichte zurückzuführen. Trotz Druckspeicherung ist das benötigte Tankvolumen um Faktor $\approx$ 4 größer, um eine vergleichbare Energiemenge eines Benzintanks mitzuführen [53, 62].

Eine weitere bedeutende Kenngröße von Kraftstoffen zur Nutzung in Verbrennungsmotoren ist die Laminare Flammengeschwindigkeit (LFS). Diese ist definiert als die Ausbreitungsgeschwindigkeit der Flamme relativ zum unverbrannten Frischgas, senkrecht zur Oberfläche der Flammenfront und ist relevant für die Energiefreisetzung während des Verbrennungsprozesses [25]. Die laminare Flammengeschwindigkeit ist neben Form und Krümmung der Flamme unter anderem von Gemischzusammensetzung, Druck und Temperatur abhängig [62]. Beide Stoffeigenschaften sind durch detaillierte Berechnungen der chemischen Kinetik in einem Modell im Simulationsprogramm Cantera auf Basis der Arbeit des Lawrence Livermore National Laboratorys ermittelt und weitreichend validiert worden. Für den Berechnungsprozess werden 324 Spezies und 5739 Reaktionen berücksichtigt. Die mittels ein dimensionaler (1D)-Simulation berechnete laminare Flammengeschwindigkeit und die Zündverzugszeit von Methan verglichen mit Ottokraftstoff ROZ95 E10 nach DIN EN 228 für ein perfekt homogenes Gemisch mit definierten Randbedingungen ist in Abbildung 2.2 grafisch aufbereitet.

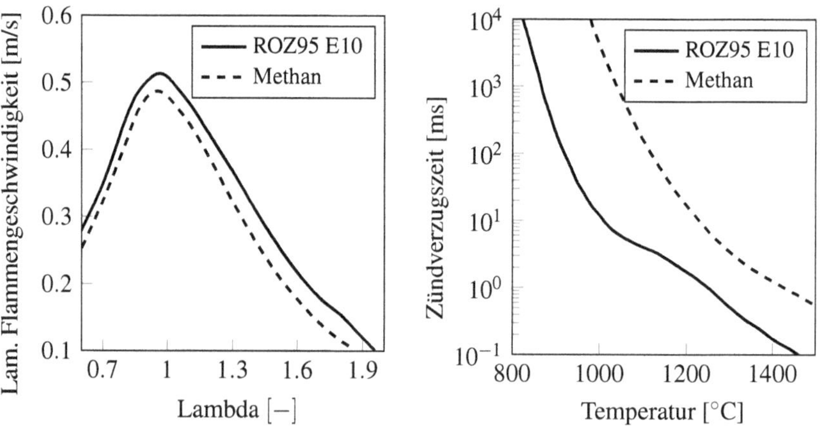

Abbildung 2.2: Vergleich der laminaren Flammengeschwindigkeit (links) und Zündverzugszeit (rechts) berechnet durch detaillierte chemische Mechanismen für Methan und ROZ95 E10 bei 700 K, 50 bar und 0 % Restgas [60]

Der parabelförmige Graph zeigt sein Maximum im leicht unterstöchiometrischen Bereich mit einem signifikanten Abfall der laminaren Flammengeschwindigkeit bei steigendem Luftüberschuss. Bei einem Druck von 50 bar und einer Temperatur von 700 K liegt diese bei Methan für den gesamten, dargestellten Bereich des Luft/Kraftstoff-Verhältnisses λ unterhalb derer von ROZ95 E10 Benzin. In Abhängigkeit der physikalischen Randbedingungen wird so eine Wertetabelle berechnet. Auf diese Werte wird in der 3D-CFD Thermodynamik Simulation zurückgegriffen. Für jede Zelle wird basierend auf den Randbedingungen innerhalb der Zelle die laminare Flammengeschwindigkeit ausgewählt. Für die Ausarbeitung eines Brennverfahrens mit Methan ist die Beachtung der reduzierten laminaren Flammengeschwindigkeit relevant, um einen Kennfeldbetrieb über einen breiten Lambda Bereich mit adäquaten Brenndauern zu realisieren [60].

Der links daneben gezeigte Zündverzug ist definiert als die Zeitspanne zwischen Zündzeitpunkt (ZZP) und dem Punkt an dem 5 % der Kraftstoffmasse umgesetzt wurde (AI05). Dieser ist für stöchiometrische Verbrennung bei einem Druck von 50 bar berechnet und liegt für Methan deutlich oberhalb von E10 ROZ95 Super Benzin.

Dies begründet sich in der Reaktionsträgheit durch den kompakten Aufbau des Methanmoleküls gegenüber langkettigen Kohlenwasserstoffen, wie Benzin. Daraus resultiert die hohe Klopffestigkeit von Methan. Im realen Motorbetrieb reduziert sich die gesteigerte Klopffestigkeit von Methan gegenüber Benzin, aufgrund der fehlenden Kühlwirkung durch Verdampfung von flüssigem Kraftstoff. Eine Selbstzündung eines Methan/Luftgemisches ist somit nur schwer und wenn, dann unter hohen Kompressionsendtemperaturen realisierbar. Daher kommen für ein Methan-Brennverfahren nur Prozessführungen mit Fremdenergiezufuhr, wie in konventionellen Ottomotoren bei denen die Zündung durch externe Energiezuführung eingeleitet wird, in Frage [60, 62].

2.1.3 Gemischbildung bei Methan

Die Möglichkeiten zur Gemischbildung bei CNG-Motoren sind, wie bei Verwendung flüssiger Kraftstoffe, die innere oder äußere Gemischbildung. Bei der äußeren Gemischbildung wird der Kraftstoff meist im Saugrohr, nahe der

Einlassventile, in die angesaugte Frischluft eingebracht und dem Brennraum
wird ein Luft/Kraftstoff-Gemisch zugeführt. Dies hat eine Volumenverdrängung der Frischluft durch den eingeblasenen Kraftstoff und die geänderten
Partialdrücken zur Folge. Daraus resultiert eine nachteilige Zylinderfüllung und
somit eine Reduktion des Drehmoments und der Spitzenleistung. Die äußere
Gemischbildung bietet den Vorteil der einfachen Umsetzung und der geringen
Kosten gegenüber der inneren Gemischbildung, bei der Kraftstoff direkt in
den Brennraum eingespritzt bzw. eingeblasen wird. Die Nachteile der Zylinderfüllung durch Volumenverdrängung sind bei Einbringung des Kraftstoffes
nach Schließen der Einlassventile in den Brennraum nicht existent. Die CNG-
Direkteinblasung weist einen hohen Komplexitätsgrad auf, da der Hochdruck
CNG-Injektor ohne die Schmier- und Kühleigenschaften von flüssigem Kraftstoff dieselben Anforderungen in Bezug auf Dauerhaltbarkeit und Dichtigkeit
zu erfüllen hat, wie ein Benzin-Hochdruckinjektor [51, 56, 62, 64]. Um die
innere und äußere Gemischbildung quantitativ miteinander vergleichen zu können, sind zunächst einige relevante innermotorische Größen zu definieren. Die
indizierte oder innere Leistung P_i des Verbrennungsmotors wird über Gl. 2.1

$$P_i = i \cdot n \cdot p_{mi} \cdot V_H \qquad\qquad \text{Gl. 2.1}$$

berechnet, wobei i die Arbeitsspiele pro Kurbelwellenumdrehung, bei 4-Takt-
Motoren konstant 0.5, n die Drehzahl, p_{mi} den indizierten Mitteldruck und V_H
das Hubvolumen bezeichnet [62]. Der indizierte Wirkungsgrad η_i welcher für
die simulative Betrachtung des Brennverfahrens und die thermodynamische
Grundentwicklung am Einzylinder relevant ist und noch keine Reibungsverluste
einbezieht berechnet sich über den Massenstrom des Brennstoffs $\dot{m}_B$ und den
Heizwert des Brennstoffs H_i wie folgt [62]:

$$\eta_i = \frac{P_i}{\dot{m}_B \cdot H_i} \qquad\qquad \text{Gl. 2.2}$$

Unter Berücksichtigung der Reibungsverluste wird aus der inneren Leistung P_i
die effektive Leistung P_e und der korrelierende effektive Mitteldruck p_{me} nach
Gl. 2.3 berechnet [62]:

$$P_e = i \cdot n \cdot p_{me} \cdot V_H \qquad\qquad \text{Gl. 2.3}$$

Mit Einbeziehen des Luftaufwands λ_a des Motors kann p_{me} und darüber auch die P_e über den Gemischheizwert H_G berechnet werden [62]:

$$P_e = i \cdot n \cdot \lambda_a \cdot H_G \cdot \eta_e \cdot V_H \qquad\qquad \text{Gl. 2.4}$$

Nimmt man den unteren Gemischheizwert H_u, das stöchiometrische Luftverhältnis L_{st} sowie die Dichte der angesaugten Luft ρ_L und des gasförmigen bzw. verdampften Kraftstoffes ρ_B ergibt sich H_G nach Gl. 2.5.

$$H_G = \frac{\rho_L \cdot H_u}{\frac{\rho_L}{\rho_B} + \lambda \cdot L_{st}} \qquad\qquad \text{Gl. 2.5}$$

Dieser numerische Zusammenhang über den Gemischheizwert ermöglicht eine quantitative Potenzialabschätzung verschiedener Gemischbildungsstrategien, unter Berücksichtigung der spezifischen Dichte für verschiedene Kraftstoffe. In Abbildung 2.3 wird die Potenzialabschätzung für den Vergleich einer Benzin-Direkteinspritzung mit einer Methan-Saugrohr- sowie Methan-Direkteinspritzung durchgeführt. Die Potenzialabschätzung der spezifischen Leistung beruht dabei auf der Formel Gl. 2.4, wobei die getroffenen Annahmen dabei ein konstantes $\lambda = 1$ und konstante Werte für die Parameter λ_a, η_e, n und V_H sind. Mit den konstanten Randbedingungen zeigt sich ein Herabsetzen des volumetrischen Gemischheizwertes und einer damit einhergehenden Reduktion der spezifischen Leistung für die CNG-Saugrohreinblasung von $\approx 12\,\%$ gegenüber einer Direkteinspritzung (DI) mit Benzin. Der Drehmoment Nachteil ist reell bei niedrigen Drehzahlen noch ausgeprägter, da die Verdrängungseffekte den benötigten Ladedruckbedarf erhöhen. Für die CNG-Direkteinblasung ergibt sich aufgrund der moderaten Reduktion des Gemischheizwertes ein Leistungsdefizit von $\approx 3\,\%$ gegenüber der Benzin-Direkteinspritzung und eine höhere Leistung von $\approx 9\,\%$ verglichen mit der CNG-Saugrohr-Einblasung. Zur Erreichung einer äquivalenten Leistung eines Verbrennungsmotors mit Benzin-Direkteinspritzung bietet die CNG-Direkteinblasung das höchste Potenzial für CNG-Motoren.

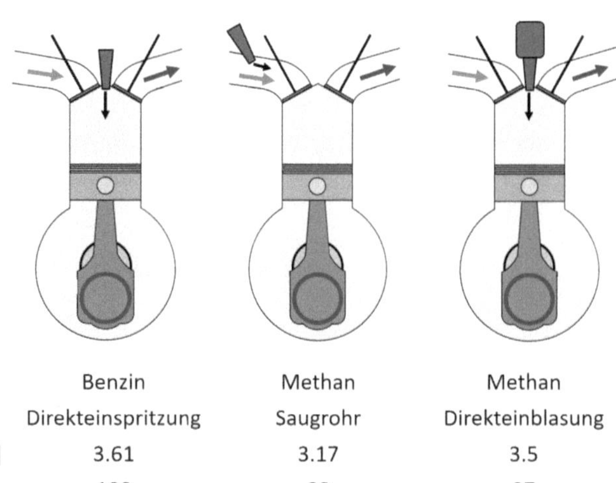

Kraftstoff	Benzin	Methan	Methan
Gemischbildung	Direkteinspritzung	Saugrohr	Direkteinblasung
Gemischheizwert [MJ/m³]	3.61	3.17	3.5
Spezifische Leistung [%]	100	88	97

Abbildung 2.3: Potenzialabschätzung unterschiedlicher Gemischbildungskonzepte [64]

2.1.4 Zündung und Verbrennung

Für CNG-Motoren werden aus genannten Gründen Zündsysteme mit externer Energiezuführung verwendet, wobei die Zündung des Luft-Kraftstoff-Gemisches mit einer klassischen Zündkerze mit Funkenzündung prinzipiell gleich abläuft. Zwischen der Mittel- und Massenelektrode der Zündkerze findet der Überschlag des Zündfunkens statt, was einen Energieeintrag in das vorhandene Luft-Kraftstoff-Gemisch zur Folge hat. Dies bewirkt eine enorme, lokale Erwärmung sowie die Ausbildung von aktiven Radikalen und schlussendlich die Entstehung eines Plasmas im Elektrodenspalt [46]. Nach erfolgter Entflammung des Gemisches am Zündort breitet sich von dort die Flammenfront sphärisch im Brennraum aus. Das Zündsystem muss zum Ablauf dieses Prozesses die benötigte Zündenergie zur Verfügung stellen, die von Temperatur, Druck, Gemischzusammensetzung und Strömungsfeld am Zündort abhängt. Ein Anstieg des Drucks, der Turbulenz des Strömungsfeldes und des Luftüberschusses des Gemisches führen auch zu einem Anstieg der benötigten Zündenergie, wobei steigende Temperaturen einen umgekehrten Einfluss zeigen [23].

Der Anstieg der benötigten Zündenergie bei Zunahme des Drucks und der Überstöchiometrie sind bei der Auslegung eines Brennverfahrens für Methan im überstöchiometrischen Motorbetrieb besonders zu beachten [71].

Die frühe Phase der Entflammung und der Beginn der Verbrennung haben großen Einfluss auf die Verbrennungsstabilität. Die Flammenausbreitung nach Entflammung erfolgt zunächst mit laminarer Flammengeschwindigkeit. Zunehmender Luftüberschuss reduziert die laminare Flammengeschwindigkeit, wie in Abbildung 2.2 aufgezeigt, wodurch tendenziell der Verbrennungsablauf destabilisiert wird [22, 44].

Bei der Auslegung der Geometrie des Brennraums ist weiterhin die Turbulenz des Strömungsfelds im Bereich des Zündorts zu beachten. Die Erhöhung der Turbulenz am Zündort erhöht die benötigte Zündenergie und erhöht die Gefahr des Auslöschens des Zündfunkens. Jedoch ist eine erhöhte Turbulenz förderlich für die Flammenausbreitung, da diese zur Faltung der Flamme und somit zu einer Vergrößerung der Oberfläche führt. Ab eines gewissen Turbulenzniveaus erfolgt der Übergang von laminarer zu turbulenzgetriebener Flammenausbreitung, wodurch eine deutlich erhöhte Flammengeschwindigkeit erreicht wird. Dies kann zur effektiven Verkürzung der Brenndauer durch zielgerichtete Auslegung der Turbulenz im Brennraum genutzt werden, um so den Herausforderungen der überstöchiometrischen Verbrennung entgegen zu wirken. Es ist noch zu beachten, dass bei Übersteigen einer kritischen Turbulenz Flammenauslöschung eintreten kann [10, 39, 46].

2.1.5 Vorkammerzündung

Bei Verwendung einer klassischen Zündkerze mit Funkenzündung für CNG-Motoren wird konzeptionell in drei unterschiedliche Varianten des Zündsystems unterteilt: Die konventionelle Zündkerze, die passive Vorkammerzündkerze und die aktive Vorkammerzündkerze. Die konventionelle Zündkerze steht typisch für Ottomotoren direkt im Hauptbrennraum und entzündet das Gemisch im Hauptbrennraum direkt über einen überspringenden Funken. Vorkammerzündkerzen dagegen stellen eine Unterteilung des Brennraums in Hauptbrennraum und Nebenraum dar, bei dem die Zündung im Nebenraum erfolgt. Der Nebenraum, also das Innenvolumen der Vorkammerzündkerze, ist durch Überströmbohrungen mit dem Hauptbrennraum verbunden. Eine Möglichkeit der konstruktiven Ausführung einer passiven Vorkammerzündkerze zeigt die technische Schnittdarstellung in Abbildung 2.4 [64].

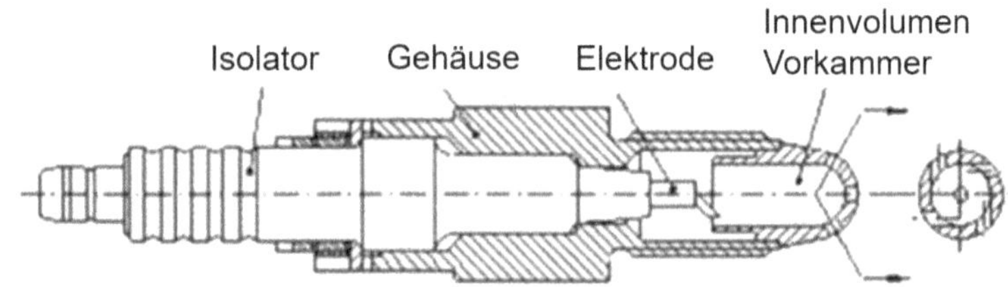

Abbildung 2.4: Passive Vorkammerzündkerze [45]

Das Innenvolumen der Vorkammer wird durch eine aufgesetzte Kappe auf die Zündkerze erreicht, wobei der Isolator mit Elektrode in die Vorkammer hinein ragt. Die Überströmbohrungen sind in der Kappe integriert und rechts im Querschnitt durch die Zündkerzen Mittelachse verdeutlicht. Während der Kompressionsphase führt der Druckanstieg im Hauptbrennraum zu einer Austauschströmung durch die Überströmbohrungen zwischen Hauptbrennraum und Vorkammer. Die Strömung bringt frisches Gemisch in die Vorkammer, führt aufgrund von erhöhter Mischungsarbeit zu einer guten Gemischaufbereitung und somit zu einer verbesserten Homogenisierung.

Bei passiven Vorkammerzündkerzen erfolgt die gesamte Versorgung der Vorkammer mit Luft und Kraftstoff aus dem Hauptbrennraum und somit existiert eine direkte Abhängigkeit zwischen dem Luft/Kraftstoff-Verhältnis des Hauptbrennraums und der Vorkammer [64]. Nach Entzündung des Gemisches in der Vorkammer durch den Zündfunken treten durch die Überströmbohrungen Fackelstrahlen aus der Vorkammer in den Hauptbrennraum aus. Die Druckdifferenz zwischen Hauptbrennraum und Vorkammer ist für die Ausbildung der Fackelstrahlen und des Fackelstrahlimpulses entscheidend, was zur Entstehung von Flammkernen an verschiedenen Orten im Brennraum führt. Dadurch können die Flammenwege verkürzt werden, was in einer Reduktion der Brenndauer resultiert. Die Druckdifferenz zwischen Vorkammer und Hauptbrennraum wird von der Umsatzgeschwindigkeit der Verbrennung in der Vorkammer und der

Drosselwirkung der Überströmbohrungen bestimmt. Die Druckdifferenz ist exemplarisch bei 2000 1/min und 2.8 bar p_{mi} für zwei homogene Luft/Kraftstoff-Verhältnisse von $\lambda = 1$ und $\lambda = 1.4$ über den Kurbelwinkel in Abbildung 2.5 (links) aufgetragen.

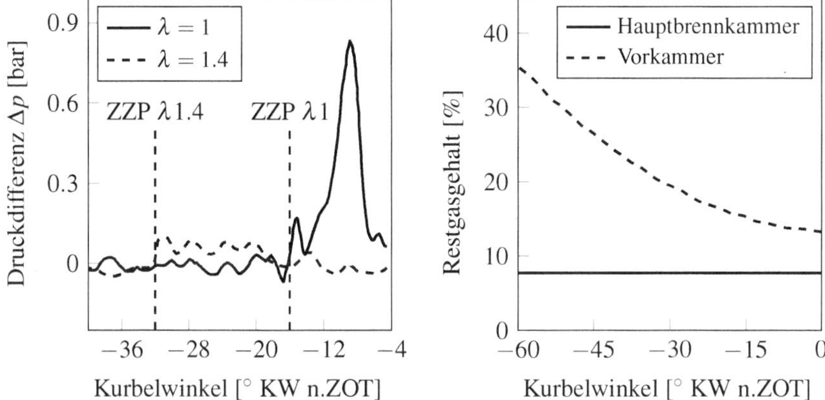

Abbildung 2.5: Druckdifferenz von Hauptbrennraum zu Vorkammer abhängig vom Luft/Kraftstoff-Verhältnis (links) und Restgasgehalt bei $\lambda = 1$ in der Vorkammer (rechts) für eine Vorkammerzündkerze bei 2000 1/min und 2.8 bar p_{mi} [45]

Für das global stöchiometrische Gemisch zeigt sich ein ausgeprägter Druckanstieg zum Zündzeitpunkt bei 16° Kurbelwinkel vor dem oberen Totpunkt, an dem die Zündung erfolgt (°KW v.ZOT). Dieser Druckanstieg repräsentiert den Fackelstrahlimpuls, der unter anderem von der schnellen Umsatzgeschwindigkeit in der Vorkammer und dem geringen Vorzündwinkel abhängt. Für den überstöchiometrischen Betrieb bei $\lambda = 1.4$ muss ein großer Vorzündwinkel gewählt werden, was zu einer Steigerung des Restgasanteils in der Vorkammer zum Zündzeitpunkt führt. Die Problematik des steigenden Restgasgehalts bei großem Vorzündwinkel wird bei Betrachtung von Abbildung 2.5 (rechts) verdeutlicht. Dargestellt ist der Restgasgehalt sowohl für die Vorkammer als auch den Hauptbrennraum bei 2000 1/min, 2.8 bar p_{mi} und stöchiometrischem Betrieb. Für die gezeigte passive Vorkammer sind Restgasgehalte in der Vorkammer von $\approx 35\ \%$ bei 60°KW v.ZOT und einem minimalen Restgasgehalt von

$\approx 15\,\%$ ab 10°KW v.ZOT für diesen Betriebspunkt zu erwarten. Mit dem geringeren Kraftstoffanteil ergibt sich eine langsame Entflammung in der Vorkammer und damit ein geringer Druckunterschied zum Hauptbrennraum. Zusätzlich steigt die Wärmeableitung bei langsamer Entflammung an. Aufgrund der Zunahme der Wärmeableitung, des gesteigerten Restgasanteils in der Vorkammer durch den großen Vorzündwinkel und der gehemmten Fackelstrahlbildung ist die Magerlauffähigkeit der passiven Vorkammerzündkerze eingeschränkt [45].

Zur Steigerung der globalen Abmagerungsfähigkeit ist eine Reduktion des Vorzündwinkels und des Restgasgehalts in der Vorkammer nötig. Eine Verbesserung dieser Problematik stellt die aktive Vorkammerzündkerze dar, bei der eine aktive Spülung der Vorkammer durch direkte Einbringung von Kraftstoff in die Vorkammer umgesetzt wird. Eine konstruktive Realisierung der aktiven Vorkammerzündkerze zeigt die technische Schnittdarstellung in Abbildung 2.6.

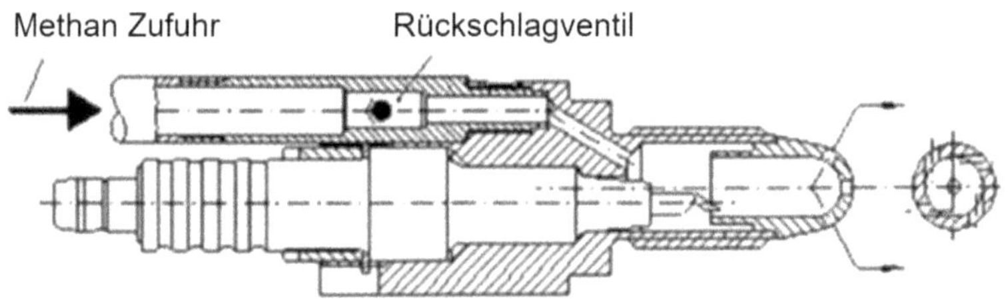

Abbildung 2.6: Aktive Vorkammerzündkerze [45]

Die passive Vorkammerzündkerze aus Abbildung 2.4 ist dabei um die Methan Zuführung erweitert worden, die Innengeometrie der Vorkammer und die Überströmbohrungen in der Kappe sind übernommen. Die aktive Vorkammerzündkerze hat den Vorteil, die Vorkammer mit dem einströmenden Methan von Restgas zu spülen und so den Restgasgehalt signifikant zu senken. Zusätzlich kann über Variation der eingeblasenen Menge sowie des Zeitpunkts der Methan Einblasung das Luft/Kraftstoff-Verhältnis in der Vorkammer beeinflusst werden.

Durch die Einblasung von Methan wird zunächst das Restgas aus der Vorkammer ausgespült. Im überstöchiometrischen Motorbetrieb strömt während der Kompressionsphase mageres Luft/Kraftstoff-Gemisch aus dem Hauptbrennraum in die Vorkammer ein und vermischt sich mit dem eingeblasenen Methan in der Vorkammer. Die Bildung eines stöchiometrischen oder unterstöchiometrischen Luft/Kraftstoff-Gemisches in der Vorkammer ist dadurch realisierbar, während gleichzeitig ein überstöchiometrisches Gemisch im Hauptbrennraum vorliegt. Das stöchiometrische oder leicht überstöchiometrische Gemisch in der Vorkammer zum Zündzeitpunkt führt zu einer schnellen Umsetzung in der Vorkammer und der Ausbildung von Fackelstrahlen trotz des Magerbetriebs im Hauptbrennraum. Die Abmagerungsfähigkeit des Motors kann durch diese Maßnahme gesteigert werden, was sich im Vergleich der Abmagerungsfähigkeit für die passive und aktive Vorkammerzündkerze in Abbildung 2.7 widerspiegelt.

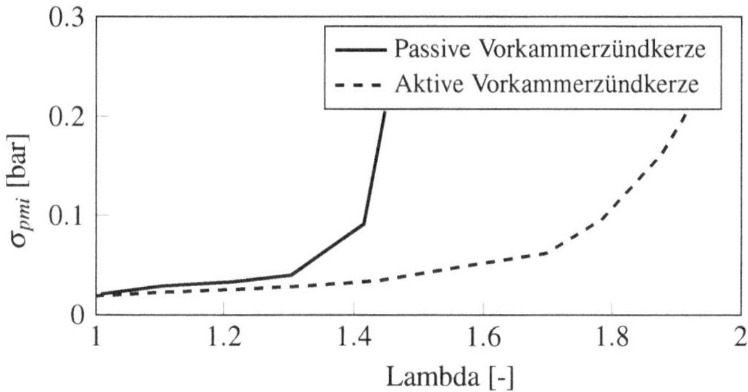

Abbildung 2.7: Abmagerungsfähigkeit von passiver und aktiver Vorkammerzündkerze bei 2000 1/min und 2.8 bar p_{mi} [45]

Die zyklischen Schwankungen des indizierten Mitteldrucks σ_{pmi} werden zur Bewertung der Verbrennungsstabilität herangezogen. Diese wird über das im Hauptbrennraum vorliegende Luftverhältnis dargestellt, um eine Aussage über die Abmagerungsfähigkeit treffen zu können. Es zeigt sich ein deutlicher Anstieg der Schwankung des indizierten Mitteldrucks für die passive VK ab $\lambda = 1.3$, bis zur Erreichung der definierten, maximalen Standardabweichung des indizierten Mitteldrucks σ_{pmi} von 0.2 bar bei $\lambda = 1.4$. Im Gegensatz dazu, zeigt die aktive VK eine deutlich erweiterte Magerlauffähigkeit mit konstant geringeren Schwankungen des σ_{pmi} bis zur Erreichung der maximal zulässigen Abweichung bei $\lambda = 1.9$.

Das Verhältnis von Vorkammer- zu Kompressionsvolumen nach Gl. 2.6

$$r_{VK/VC} = \frac{V_{VK} \cdot 100}{V_C} \qquad\qquad \text{Gl. 2.6}$$

hat einen großen Einfluss auf das Motorverhalten und liegt für die gezeigte passive und aktive Vorkammerzündkerzen bei 2.5 %.

Nach Roethlisberger [47] zeigt die Anhebung des Volumenverhältnisses $r_{VK/VC}$ von 1.9 % auf 2.9 % einer passiven Vorkammerzündkerze in einem Methanmotor eine Reduktion der Kohlenstoffmonoxid (CO)- und Unverbrannter Kohlenwasserstoff (HC)-Emissionen bei konstanten NOx-Emissionen. Die Brenndauer konnte dabei reduziert werden, was auf eine intensivere Ausbildung der Fackelstrahlen zurückzuführen ist. Das vergrößerte Vorkammervolumen führt zu einer Erhöhung der umgesetzten Kraftstoffmasse, die nicht am Arbeitsprozess des Kolbens beteiligt ist. Der Wirkungsgrad blieb jedoch konstant, was auf eine Kompensation der Verringerung der am Arbeitsprozess teilnehmenden Kraftstoffmasse durch die Ausbildung stärkerer Fackelstrahlen schließen lässt. Weiter zeigte sich ein erheblicher Einfluss der Überströmbohrungen sowie der Gestaltung des Innenvolumens auf das Motorverhalten.

Die Untersuchung von Baumgartner [5] für eine Methan gespülte, aktive Vorkammerzündkerze mit einem Volumenverhältnis $r_{VK/VC}$ von 3 % in einem Methanmotor zeigte eine erweiterte Abmagerungsfähigkeit bei weiterhin stabilem Motorbetrieb. Die hohe räumliche Verteilung von Radikalen durch die Fackelstrahlen aus der Vorkammer reduzierte die Brenndauer und führte zu einer Wirkungsgradsteigerung im überstöchiometrischen Betrieb. Die Reduktion der addierten Querschnittsfläche aller Überströmbohrungen zeigte höhere Geschwindigkeiten der Fackelstrahlen mit erhöhter Tendenz zum Wall Quenching, bei Orientierung der Überströmbohrungen parallel zur Brennraumoberfläche. Die Ausrichtung der Überströmbohrungen eher senkrecht zur Brennraumoberfläche, bzw. parallel zur Zylindermittelachse, stellte sich bei kleiner Querschnittsfläche als vorteilhaft heraus. Eine Erhöhung der Querschnittsfläche der Überströmbohrungen um ≈ 50 %, mit folglich geringeren Geschwindigkeiten der Fackelstrahlen, erzielte die besten Ergebnisse bei minimaler Interaktion der Fackelstrahlen mit der Brennraumoberfläche. Die räumliche Verteilung der Radikale konnte durch Ausrichtung der Bohrungen in Richtung Feuersteg im OT verbessert werden. Allgemein zeigte die aktive Vorkammerzündkerze eine Reduktion der NOx- und HC-Emissionen gegenüber der konventionellen Hakenzündkerze bei zunehmender Überstöchiometrie und Last.

Gingrich [21] untersuchte die Extraktion einer kontinuierlichen Gas-Probeentnahme aus einer Erdgas gespülten, aktiven Vorkammerzündkerze und dem Hauptbrennraum eines industriellen, PFI CNG-Motors bezüglich der Bildung von NOx-Emissionen mittels Hochgeschwindigkeits-Chemilumineszenz und Fourier-Transformations-Infrarotspektrometer. Eine Steigerung der zugeführten Gasmasse in der Vorkammer resultierte in einer Erhöhung der NOx-Emissionen in der Vorkammer. Der Beitrag aus der unterstöchiometrisch betriebenen Vorkammer an den gesamten NOx-Emissionen des Motors stieg bei zunehmender Überstöchiometrie des Hauptbrennraums durch die Reduktion der gesamt emittierten NOx-Emissionen durch Abmagerung im Hauptbrennraum. An der Magerlaufgrenze des Motors bei $\lambda = 1.75$ lag der Anteil der NOx-Emissionen aus der Vorkammer bei 75 %, bei globalen NOx-Emissionen von 0.48 - 0.61 g/kWh.

Die Arbeiten in der Wissenschaft und Literatur zeigen eine grundsätzliche Reduktion der Brenndauer bei Verwendung einer Vorkammerzündkerze anstatt einer konventionellen Hakenzündkerze. Darüber hinaus können aktive Vorkammerzündkerzen die Magerlauffähigkeit des Motors und die Verbrennungsstabilität verglichen mit einer passiven Vorkammerzündkerze noch weiter verbessern. Die Geometrie der Vorkammer in Bezug auf Gestaltung der Vorkammer-Innengeometrie, Anzahl, Durchmesser und Ausrichtung der Überströmbohrungen sowie dem Volumenverhältnis $r_{VK/VC}$ hat einen erheblichen Einfluss auf die Funktionalität der Vorkammerzündkerze und somit auf den gesamten Motorbetrieb. Der Einfluss auf das Emissionsverhalten des Motors ist ebenfalls abhängig von der Geometrie der Vorkammerzündkerze, dem verwendeten Motor sowie dessen Betriebspunkt. Eine eindeutige Auswirkung der Vorkammer auf die Emissionen kann nicht abschließend geklärt werden.

2.1.6 Emissionen

Die während der Verbrennung von Methan freigesetzten Rohemissionen sind grundsätzlich schadstoffärmer verglichen mit Benzin oder Diesel [4, 9, 38, 75]. Dennoch entstehen verschiedene innermotorische Emissionen, die im Folgenden näher betrachtet werden.

Stickoxid Emissionen

Stickoxide sind umwelt- und gesundheitsschädliche Emissionen, die während des Verbrennungsprozesses auftreten und häufig unter der Abkürzung NOx zusammengefasst werden. Die Entstehung von Stickoxiden wird in zwei Entstehungsmechanismen, das thermische und das prompte NOx unterschieden und ist von mehreren Parametern, wie der Verbrennungstemperatur und dem vorhandenen Sauerstoff, abhängig. Das prompte NOx entsteht als Resultat der Reaktion von freien HC-Radikalen aus der Verbrennung mit Luftstickstoff in der Flammenfront. Thermisches NOx dagegen bildet sich in den bereits verbrannten Zonen des Brennraums und wurde von Zeldovich erstmals beschrieben [40, 63]. Dabei laufen drei Elementarreaktionen mit unterschiedlichen, experimentell zu ermittelnden Geschwindigkeitskonstanten ab [39]:

$$O + N_2 \Leftrightarrow NO + N \qquad\qquad\qquad \text{Gl. 2.7}$$

$$N + O_2 \Leftrightarrow NO + O \qquad\qquad\qquad \text{Gl. 2.8}$$

$$N + OH \Leftrightarrow NO + H \qquad\qquad\qquad \text{Gl. 2.9}$$

Bei den Elementarreaktionen handelt es sich um Hin- und Rückreaktionen, die nach der Gleichgewichtskonzentration abhängig von der Temperatur streben. Die erste Reaktion Gl. 2.7 benötigt zum Aufbrechen der N_2-Dreifachbindung eine hohe Aktivierungsenergie und damit Temperatur. Bei niedrigen Temperaturen läuft diese Reaktion somit sehr langsam ab, weshalb diese erst bei steigenden Temperaturen relevant wird. Die NO Konvertierungsrate nach Zeldovich in Abhängigkeit von Temperatur und Luft/Kraftstoff-Verhältnis zeigt Abbildung 2.8.

Hier zeigt sich ein logarithmischer Zusammenhang zwischen der NO Konvertierungsrate, der Temperatur und dem Luft/Kraftstoff-Verhältnis. Im Verbrennungsmotor gibt es durch den dynamischen Prozess lokal unterschiedliche und schnell wechselnde Umgebungsbedingungen bezüglich Druck, Temperatur und Luft/Kraftstoff-Verhältnis. Die konstanten Umgebungsbedingungen der langsam ablaufenden Reaktionskinetik der ermittelten NO Konvertierungsrate wer-

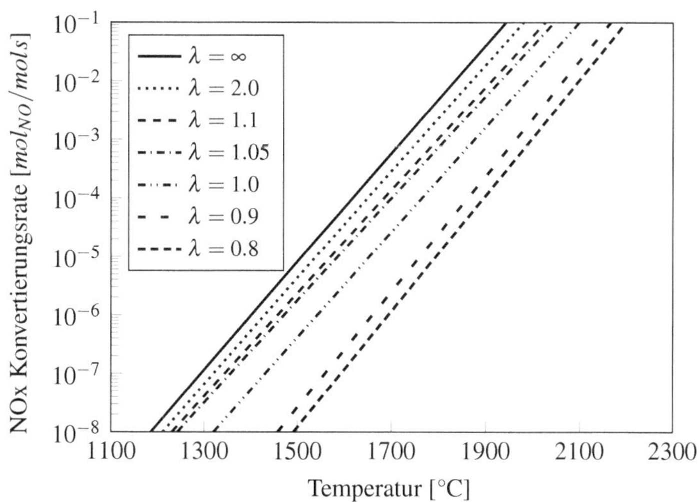

Abbildung 2.8: NO Konvertierungsrate nach Zeldovich abhängig von Temperatur und Luft/Kraftstoff-Verhältnis [63]

den daher kaum erreicht. Die Hinreaktionen unter Bildung von NO laufen unter Anstieg der Temperatur durch die Verbrennung mit hohen Reaktionsgeschwindigkeiten ab. Aufgrund des Temperaturabfalls während der Expansionsphase kommt es zu einer Reduktion der Temperatur und dadurch zu einer Reduktion der Reaktionsgeschwindigkeiten. Der chemische Gleichgewichtszustand kann durch den extrem langsam ablaufenden Prozess der Rückreaktion des NO nicht mehr erreicht werden und es kommt zum Einfrieren der Reaktion. Das gebildete thermische NO steigt bei einer Temperatursteigerung von 2000 K auf 2500 K um Faktor ≈ 50 an [39]. Bei Übertragung dieser Mechanismen in den verbrennungsmotorischen Kontext ist der Zusammenhang der Stickoxid-Rohemission über das Luft/Kraftstoff-Verhältnis von großer Bedeutung. Für die Verbrennung von Methan ist diese Abhängigkeit in Abbildung 2.9 dargestellt.

Der Graph weist einen Anstieg der Stickoxide bis zum Erreichen des Maximums bei leicht überstöchiometrischem Gemisch von $\lambda \approx 1.15$ auf. Die Erhöhung der Stickoxide bei leicht überstöchiometrischer Verbrennung ist auf den Sauerstoffüberschuss bei weiterhin hohen Verbrennungstemperaturen zurückzuführen. Dieses Verhalten kehrt sich bei weiterem Abfall der Verbrennungstemperatur

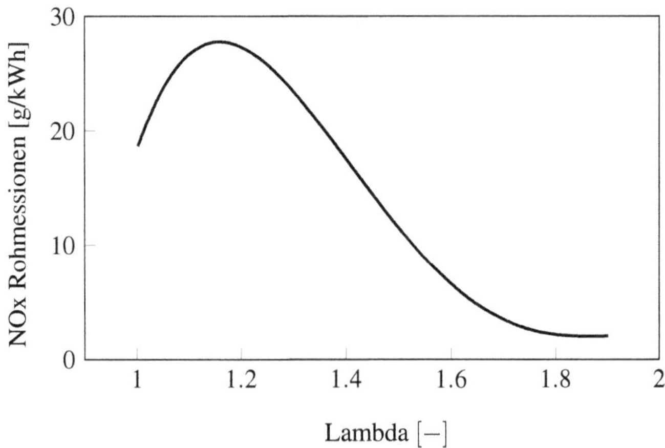

Abbildung 2.9: Stickoxid-Emissionen über Luft/Kraftstoff-Verhältnis [6]

bei steigendem Luftüberschuss um, sodass die emittierten Stickoxide abfallen, bis sich ein Minimum ab $\lambda \approx 1.8$ einstellt. Der Abfall der Stickoxide bei sinkender Temperatur ist auf die erläuterten Reaktionsmechanismen nach Zeldovich zurückzuführen [63].

Kohlenwasserstoff Emissionen

HC-Emissionen sind nicht umgesetzte Kohlenwasserstoffe und entstehen im Wesentlichen durch eine unvollständige Verbrennung. Diese haben einen hohe Treibhausgaswirkung, die beispielsweise für CH_4 verglichen mit CO_2 21-72 fach so hoch ist. Zurückzuführen ist dies auf sogenannte Quenching-Effekte, bei denen die Flammenfront vor Erreichen der Brennraumwand vorzeitig erlischt [7, 29]. Die Quenching-Effekte werden dabei in Flame-Quenching und Wall-Quenching unterschieden. Das Flame-Quenching definiert die partielle Auslöschung der Flamme im Frischgemisch selbst, ausgelöst durch eine verlangsamte chemische Reaktion. Verantwortlich für dieses Phänomen ist zum einen das lokale Luftverhältnis mit seinem starken Einfluss auf die Flammengeschwindigkeit und dem beschriebenen Abfall der laminaren Flammengeschwindigkeit bei steigender Überstöchiometrie [54, 55, 57].

Zum anderen verantwortlich ist eine übermäßige Flammenstreckung durch Überschreiten einer hohen Turbulenzschwelle mit Umkehr des positiven Effekts der steigenden Turbulenz auf die Geschwindigkeit der Flammenfront und einer einhergehenden Reduktion der Reaktionsgeschwindigkeit mit Abbruch der chemischen Reaktion [24, 71]. Das Wall-Quenching ist ebenfalls eine Flammlöschung, ausgelöst durch Wärmeabfuhr an Wandoberflächen, wodurch das Gemisch nahe der Wand trotz chemisch optimaler Reaktionsbedingungen nicht verbrennt. Die typischen Quellen im Brennraum für HC-Emissionen durch Quenching-Effekte sind Brennraumspalte im Bereich Zündkerze, Injektor, Zylinderkopfdichtung, Ventilsitzringe, Ventiltaschen und Feuersteg am Kolben [16, 25].

Kohlenmonoxid und Partikel Emissionen

Kohlenstoffmonoxid (CO)-Emissionen ergeben sich aus einer unvollständigen Verbrennung bei der Oxidation von HC zu CO_2 abhängig vom lokalen Luft/Kraftstoff-Verhältnis. Speziell unterstöchiometrische Gemische, bedingt durch gezielte Anfettung oder inhomogene Gemischaufbereitung, neigen durch Sauerstoffmangel zu unvollständiger Verbrennung. Durch den Entfall der Wandbenetzung von flüssigem Kraftstoff und Bauteilschutz im Volllastbereich im Vergleich zu Benzin sind die CO-Emissionen für CNG-Motoren um bis zu 80 % reduziert [4, 25, 75].

Im CNG Betrieb fällt die emittierte Partikel Anzahl (PNC) im Vergleich zu Benzin Betrieb deutlich niedriger aus. Dies ist auf den gasförmigen Aggregatzustand von Methan zurückzuführen, was die Problematik flüssiger Kraftstoffe durch Kraftstoffanlagerungen im Brennraum während des Motorstarts, Warmlauf und den Beschleunigungsphasen prinzipbedingt entfallen lässt. Bei Benzin führen diese Kraftstoffanlagerungen zu lokalen Inhomogenitäten des Gemisches durch Abdampfen des flüssigen Kraftstoffs an der Bauteiloberfläche. Daraus resultieren Quellen für Partikelemissionen. Diese Hauptemissionsquelle ist bei CNG prinzipbedingt nicht existent und es werden nur in geringem Maße Partikel durch Öleintrag im Brennraum generiert [4, 9, 25, 50, 75].

2.2 Additive Fertigungsverfahren

Die Verfahren der additiven Fertigung (AM) stammen ursprünglich aus dem reinen Prototypenbau und haben unter der Bezeichnung Rapid Prototyping

Bekanntheit erlangt. Die urformende Herstellungsweise kann potentiell eine einfache, kosten- und zeitgünstige Herstellung von Bauteilen ermöglichen, was speziell im prototypischen Bereich sowie in einem frühen Stadium der Produktentwicklung von Vorteil ist. Der Überbegriff additive Fertigung beinhaltet eine Vielzahl von unterschiedlichen Herstellungsverfahren und Materialien. Daraus ergeben sich große Differenzen bezüglich des Einsatzgebiets sowie den Vor- und Nachteilen innerhalb der Prozesslandschaft. Grundsätzlich entstehen additiv gefertigte Bauteile durch das Fügen von Materialschichten gleicher Dicke [19]. Dabei wird ein 3D-Datensatz der Bauteilgeometrie durch Unterteilen bzw. „Slicen" der Geometrie in eine Vielzahl von Schichten der XY-Ebene in Z-Richtung konturiert. Das so entstehende Modell ist somit strenggenommen ein 2.5D-Modell. Der Detailgrad des resultierenden Modells ist durch diesen Aufbau stark von der definierten Schichtdicke h in Z-Richtung abhängig.

Je geringer die Schichtdicke h gewählt wird, desto geringer ist die Abweichung des geslicten Bauteils gegenüber der gewünschten Sollgeometrie des ursprünglichen Modells. Der Einfluss der Schichtdickenvariation von 0.6 mm zu 1 mm ist exemplarisch an einem Schnitt durch eine Torbogengeometrie, in Abbildung 2.10, aufgezeigt.

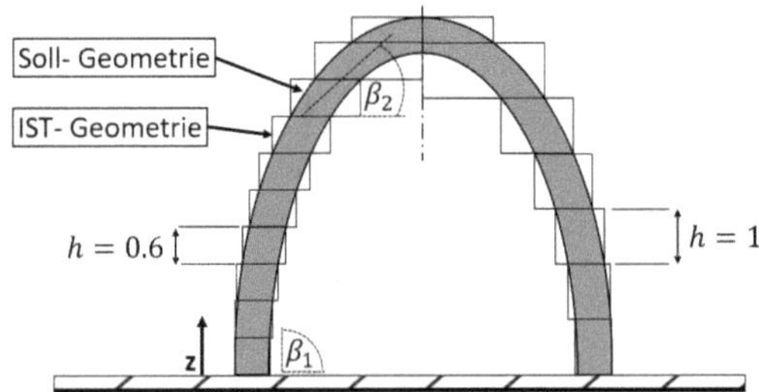

Abbildung 2.10: Einfluss der Schichtdicke auf den Treppenstufeneffekt in der additiven Fertigung [32]

Die Rundung des Bogens kann durch die Verringerung der Schichtdicke näher der Sollgeometrie nachgebildet, die allgemeine Treppenstruktur jedoch nicht verhindert werden. Je flacher der Neigungswinkel β in Abhängigkeit zur Bauplatte ist, desto stärker ausgeprägt ist die Treppenstruktur. Dieser Effekt der Schichtaufbauweise ist ein Charakteristikum der additiven Fertigungsverfahren und kann minimiert, jedoch niemals eliminiert werden [19, 32, 67].

2.2.1 Additive Fertigungsverfahren metallischer Werkstoffe

Die verschiedenen Prozesscharakteristika, wie die erzielbaren Schichtdicken sowie deren Auswirkungen, variieren für unterschiedliche additive Herstellungsprozesse und Materialien stark, wobei im Folgenden lediglich additive Fertigungsverfahren für die Verarbeitung von Metallen betrachtet werden. Abbildung 2.11 gibt eine Übersicht der additiven Herstellungsverfahren mit Relevanz zur Verarbeitung metallischer Werkstoffe.

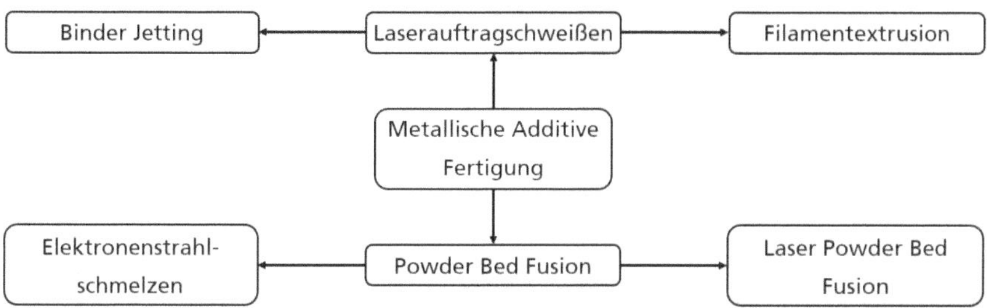

Abbildung 2.11: Übersicht der additiven Fertigungsverfahren metallischer Werkstoffe [13]

Die additive Herstellung metallischer Bauteile ist sehr vielfältig und die Verfahrensauswahl muss nach geplantem Anwendungsgebiet ausgewählt werden.

Binder Jetting Verfahren

Im Rahmen des Binder Jetting Verfahrens wird mit einer definierten Schichtdicke Pulver auf das Pulverbett aufgetragen. Auf das aufgetragene Pulver wird schichtweise ein flüssiges Bindemittel konstant oder gezielt dosiert aufgetragen, wobei das Bindemittel als Klebstoff zwischen den Pulverpartikeln fungiert. Im Anschluss wird die Substratplatte um eine definierte Höhe abgesenkt und der Prozess wird für jede neue Schicht erneut durchlaufen, sodass das Bauteil schichtweise aufgebaut wird. Dieses Verfahren wird bei metallischen Werkstoffen aufgrund der schnellen, geometrisch präzisen und kostengünstigen Herstellung hauptsächlich für visuelle Prototypen oder mechanisch gering belastete, funktionale Prototypen verwendet [20].

Filamentextrusion

Die auf Filamentextrusion basierende additive Fertigung, oft auch als 3D-

Druck bezeichnet, ist das am weitesten verbreitete Herstellungsverfahren bei nicht metallischen Werkstoffen. Die Popularität ist auf die einfache Bedienung, kostengünstige Anschaffung der Anlage bzw. des Druckers sowie der materialeffizienten und somit kostengünstigen Einzelteilproduktion zurückzuführen. Zunächst wird der gewünschte metallische Werkstoff in Pulverform mit Additiven und polymeren Bindestoffen vermischt und in ein Filament verarbeitet. Das Filament wird anschließend durch einen Extruder gefördert, beheizt und durch eine Düse raupen- bzw. linienförmig, schichtweise aufgetragen. Im Anschluss wird die Substratplatte um eine definierte Höhe abgesenkt und der Prozess wiederholt, sodass das Bauteil schichtweise aufgebaut wird. Der Materialeinsatz erfolgt somit gezielt und effektiv, ohne hohen Pulvereinsatz zur Füllung des kompletten Druckbetts verglichen mit dem Powder Bed Fusion (PBF) Verfahren. Der entstandene metallische Grünling wird in einem Entbinderungsverfahren von den Polymeranteilen gereinigt und im letzten Prozessschritt gesintert, um das finale additiv gefertigte Bauteil mit den gewünschten mechanischen Eigenschaften zu erlangen. Die Verbreitung der Extrusions basierten additiven Fertigung metallischer Werkstoffe ist aus den gleichen, für polymere Werkstoffe genannten Gründen schnell wachsend. Die im Nachgang an den Druckprozess angeschlossene Nachbehandlung des Entbindern und Sinterns sind jedoch zu berücksichtigen [1, 20, 36, 70].

Laserauftragschweißen
Das Laserauftragschweißen, auch Directed Energy Deposition oder Laser Metal Depositon genannt, wird nahezu ausschließlich für die Verarbeitung metallischer Werkstoffe eingesetzt. Dabei wird der metallische Werkstoff als Pulver oder Draht dem Substrat zugeführt und sowohl der Werkstoff als auch das Substrat lokal aufgeschmolzen und miteinander verbunden.

Im Gegensatz zum PBF wird das Material lokal aufgetragen und -geschmolzen und nicht das gesamte Druckbett schichtweise mit Pulver gefüllt. Aufgrund des gezielten Aufschmelzens und Hinzufügens von Material wird Laserauftragschweißen häufig zum nachträglichen Aufbringen von Strukturen auf ein bestehendes Bauteil angewandt. Im Bereich der Reparatur von metallischen Bauteilen sowie in der urformenden Herstellung ist das Verfahren in der Industrie ebenfalls weit verbreitet. Die Vorteile liegen in der großen Design Flexibilität auch komplexe, dreidimensionale Geometrien mit mechanischen Eigenschaften, vergleichbar zum PBF, herstellen zu können. Dem gegenüber steht eine eingeschränkte Formhaltigkeit und Oberflächenqualität, verglichen mit PBF Bauteilen, was häufig eine mechanische Bearbeitung von Funktionsflächen erfordert [13, 20].

Laser Powder Bed Fusion

Das für metallische Werkstoffe relevanteste, urformende Herstellungsverfahren ist das Powder Bed Fusion. Hierbei steht das Laser Powder Bed Fusion (LPBF) oder häufig auch Selective Laser Melting (SLM) genannt im Fokus. Grundsätzlich folgt der Prozess dem klassischen, schichtweisen Materialauftrag- und Fügeprozess der additiven Fertigung, wie in Abbildung 2.12 im schematischen Ablauf gezeigt.

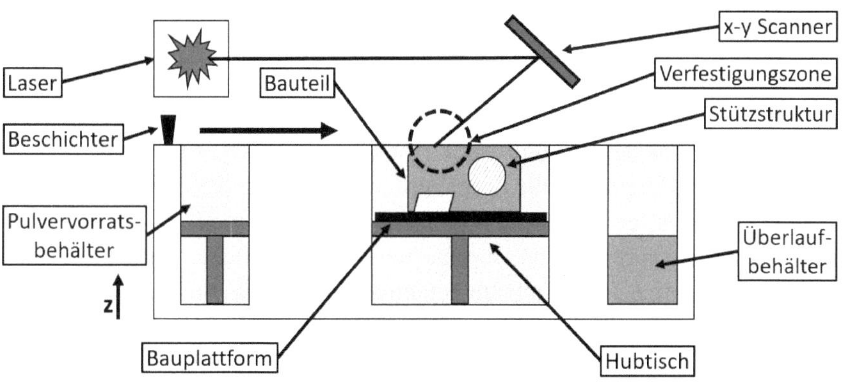

Abbildung 2.12: Schematischer Prozessablauf Laser Powder Bed Fusion [32]

Das Metallpulver wird dabei in einer definierten Schichtdicke auf die Bauplattform aufgetragen, das Pulver durch Energiezufuhr mittels Laserstrahl lokal aufgeschmolzen und das Bauteil so schichtweise aufgebaut. Der ablaufende physikalische Prozess kann dabei in die drei Abschnitte des Aufheizens, des Schmelzens und der Verfestigung bzw. Erstarrung unterteilt werden [77]. Während des Aufheizvorgangs absorbiert das aufgetragene Pulver einen Teil der zugeführten Energie des Lasers bis zum Schmelzpunkt des Materials. Die einfallende Laserstrahlung wird durch Wärmekonvektion, Wärmestrahlung, sowie Wärmekonduktion emittiert, wie in Abbildung 2.13 schematisch dargestellt.

Sobald die Oberflächentemperatur des Pulvers das Niveau des Schmelzpunktes erreicht hat, verflüssigt sich das Material lokal und bildet einen Schmelz-

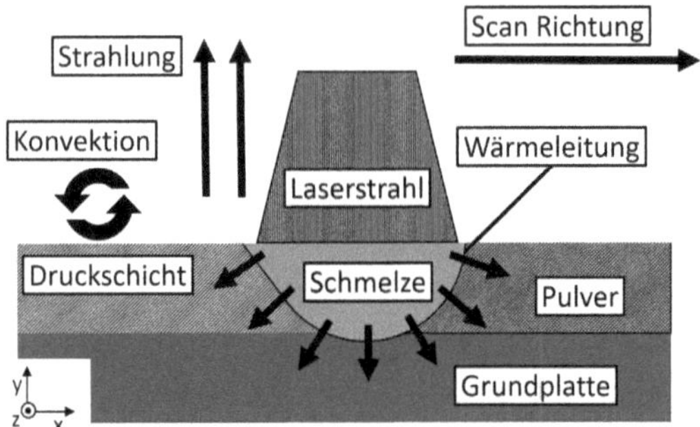

Abbildung 2.13: Wärmetransport der Schmelze zur Umgebung im LPBF-Prozess
[78]

pool aus. Nun befindet sich der Prozess in der Phase des Schmelzens. Der
Schmelzpool bewegt sich synchron mit dem Verfahrweg des Lasers nach einem definierten Werkzeugpfad, der zuvor aus dem CAD-Modell des Bauteils
abgeleitet wird. Die Kontrolle und Konstanz der Größe des Schmelzpools ist
für eine konstante, geometrische Auflösung elementar, wobei der Schmelzpool
hohen, temperaturabhängigen Oberflächenspannungseffekten unterworfen ist.
Die Energiedichte E ist dabei hauptverantwortlich, ob das Pulver entsprechend
aufgeschmolzen wird und eine feste Verbindung mit der darunter liegenden
Bauteilschicht eingeht. Die grundlegenden Parameter zur Steuerung und deren
Einfluss auf die Energiedichte sind in Gl. 2.10 aufgeführt [13].

$$E = \frac{P_L}{v \cdot t_h \cdot h} \hspace{3cm} \text{Gl. 2.10}$$

Neben der Laserleistung P_L, haben die Belichtungsgeschwindigkeit v, der Spu-
rabstand der einzelnen Schweißspuren t_h zueinander und die Schichtdicke h
einen direkten Einfluss auf die Energiedichte. Eine steigende Energiedichte
führt zu einer erhöhten Bauteildichte, wobei eine zu hohe Energiedichte eine Verdampfung von Metall im Schmelzpool einleitet, was Fehlstellen und
reduzierte Bauteildichte durch Porosität zu Folge hat. Eine zu geringe Energiedichte bewirkt ein unvollständiges Aufschmelzen des Pulvers mit Verbleib
von Pulvereinschlüssen oder Porosität im Material, weshalb die zu wählende
Energiedichte immer einen Kompromiss darstellt [13, 41]. In der kurzen Zeit

der Flüssigphase müssen die im Zwischenraum des Metallpulvers enthaltenen Gase aus der Schmelze entweichen, um eine unerwünschte Porosität durch Lufteinschlüsse im Bauteil zu vermeiden. Aufgrund des lokal begrenzten Wärmeeintrags durch den Laser stellen sich hohe Abkühlraten von $\approx 10^5 - 10^6$ K/s [17, 34] sowie Temperaturgradienten von $\approx 10^6 - 10^7$ K/m [34] ein. Daraus resultiert eine schnelle Verfestigung der Schmelze in der dritten und letzten Phase, der Erstarrung. Die rasche Erstarrung der Schmelze führt zu der Ausbildung einer Mikrostruktur und induziert Eigenspannungen, was charakteristisch für den LPBF-Prozess ist. Nach Vollenden einer Schicht senkt sich die Bauplattform um eine definierte Höhe ab und der Prozess wird für die nächste Schicht analog wiederholt, bis das Bauteil schlussendlich additiv hergestellt ist. Die realisierbare Schichtdicke variiert dabei in Abhängigkeit des verwendeten Materials und der Morphologie des Pulvers, hierbei finden sich Literaturwerte von $\approx 30 - 100$ μm [33]. Bei diesem Prozess wird das gesamte Druckbett bis zur Bauteiloberkante mit Pulver befüllt, sodass ein Anteil des zugeführten Pulvers als überschüssiges Material nach Entnahme des fertigen Bauteils zurückbleibt. Dieses Pulver kann wiederverwendet werden, jedoch kann eine Veränderung des Pulvers durch Sauerstoff- und Wärmeeintrag zu Veränderungen verglichen zu neuwertigem Pulver führen. Um einer Oxidation entgegenzuwirken wird das Druckbett mit einem Schutzgas beaufschlagt, für Aluminiumlegierungen z.B. Argon, für Stahllegierungen z.B. Stickstoff. Die Wiederverwendung des Pulvers ist dabei auch Werkstoff abhängig. Das Bauteil muss nach erfolgtem Druckvorgang je nach Einsatzzweck verschiedene Nacharbeit bzw. Post-Processing Schritte durchlaufen. Zunächst muss das Bauteil von dem in Kanälen und Hohlräumen zurückgebliebenen Pulver gereinigt werden. Im Anschluss erfolgt die mechanische Entfernung der vorhandenen Stützstrukturen ehe das Bauteil von der Substratplatte abgetrennt wird. Diese Schritte im Reinigungsprozess sind bereits bei der Konstruktion des Bauteils zu bedenken und eine entsprechende Zugänglichkeit der Hohlräume zur Entpulverung und Entfernung der Stützstruktur vorzusehen. Gewünschte Funktionsflächen sind auch bei Herstellung im LPBF-Verfahren nachträglich durch eine mechanische Bearbeitung zu schaffen. Die Vorteile des LPBF-Verfahrens liegen in der großen Vielfalt von verarbeitbaren Materialien und den erzielbaren hohen mechanischen Eigenschaften des Bauteils. Eine hohe Geometrie Komplexität sowie Funktionsintegration ermöglichen zusätzlich den konstruktiven Leichtbau durch gezielten Materialeinsatz und somit kann der Materialeinsatz reduziert werden. Nachteilig sind die hohen

Betriebs-, Energie- und Anschaffungskosten für die Anlage selbst sowie die Anforderungen an die Pulverlagerung. Aufgrund der langen Durchlaufzeiten der Bauteile sind die Stückkosten auch bei größeren Losgrößen hoch, was einer Großseriennutzung noch im Wege steht. Im Verbrennungsmotor wird die additive Fertigung für Hochleistungs- und Leichtbauanwendungen, wie dem Aluminium Hochleistungskolben im Porsche 911 GT2 RS [37], Kurbelgehäusen und Zylinderköpfen [35, 76] untersucht. Darüber hinaus ist ein hohes Maß an Expertise gefragt, um die Parametervielfalt des LPBF-Prozesses zielgerichtet zu steuern und die Bauteilqualität zu maximieren. Zusätzlich muss für einen ressourcenschonenden Einsatz das Bauteil konstruktiv optimiert sein, um beispielsweise Stützstrukturen weitestgehend zu vermeiden [12, 13, 28, 33, 76].

2.2.2 Gestaltungsfreiheiten und -restriktionen des LPBF-Verfahrens

Die additive Fertigung im LPBF-Verfahren bietet enorme Freiheiten für die Gestaltung von Bauteilen. Dabei können beliebig komplexe Strukturen modelliert werden, ohne die Fertigungszeit und den Kostenaufwand der Bauteilherstellung negativ zu beeinflussen. Die hohe Gestaltungsfreiheit makroskopischer Freiformgeometrien beschränkt sich dabei nicht nur auf äußerliche Strukturen, sondern gilt auch für innere Strukturen. Dies umfasst Hohlräume, Hinterschneidungen, freie Führung von Fluidkanälen, bionisch inspirierte Strukturen und zusätzlich auch zelluläre Strukturen [20]. Dabei sind Gitterstrukturen mit Fokus auf Leichtbau oder Wärmeübertragung realisierbar und zielgerecht im Bauteil verteilbar. Diese können in Form, Wand- oder Rippenstärke auf den Belastungsfall optimiert ausgeführt werden. Die Kombination aus makroskopischen und zellulären Strukturen innerhalb eines Bauteils erweitert noch einmal die angebotene Gestaltungsfreiheit. Aufgrund der Schichtbauweise des Bauteils entfallen die meisten konstruktiven Restriktionen der konventionellen Fertigungsprozesse, welche aus Gründen wie der Zugänglichkeit für Werkzeuge Bestand hatten. Ein gezielter, minimaler Materialeinsatz, lediglich an Stellen an denen Material für die Funktionalität benötigt wird, reduziert die Bauteilkosten aufgrund einer verkürzten Herstellungszeit. Das Erkennen, Ableiten und Implementieren von Funktionalitäten, welche das Bauteil zu erfüllen hat, ist somit ein entscheidender Schritt für eine effektive Ausnutzung der möglichen Freiheiten. Darüber hinaus sollte die Denkweise der Funktionalitäten auf die umgebende Baugruppe erweitert werden. So können weitere Potenziale zur Funktionsintegration oder Bauteilzusammenlegung erkannt werden und die Bauteilvielzahl einer Baugruppe reduziert werden [20].

Die teils proklamierte, völlige Gestaltungsfreiheit der additiven Fertigung muss etwas relativiert werden, da auch verschiedene Restriktionen bezogen auf die Bauteilgeometrie und den gesamten Herstellungsprozess beachtet werden müssen [31]. Die Verknüpfung der Gestaltungsfreiheiten mit den Restriktionen ist dementsprechend ein wichtiger Bestandteil der Konstruktion mittels additiver Fertigung. In Wissenschaft und Literatur wird häufig der weitgefasste Begriff Design for Additive Manufacturing (DfAM) genutzt, um Methoden und Hilfsmittel des ganzheitlichen, methodischen Entwicklungsprozesses von additiv gefertigten Bauteilen zu beschreiben [31]. Es finden sich viele Werke, die sich mit der Ausarbeitung von allgemeinen Geometrie- und Konstruktionsempfehlungen zur zielgerichteten Gestaltung von additiv hergestellten Bauteilen befassen. Dabei steht die Unterstützung des Entwicklers zur Potenzialidentifikation und Nutzung der umfassenden Gestaltungsfreiheiten, unter Berücksichtigung der konstruktiven Restriktionen durch den additiven Fertigungsprozess, im Fokus [31]. Die Vielzahl an unterschiedlichen DfAM sind weitgehend unabhängig voneinander entstanden und häufig gezielt für Material und exakten Herstellungsprozess definiert. Insbesondere im universitären Forschungsfeld sind verschiedene, teils aufwändige Versuchsreihen durchgeführt und ausgewertet worden, sodass konkrete Handlungsempfehlungen für die AM-gerechte Gestaltung abgeleitet werden konnten. Eine Auflistung allgemeiner Gestaltungsempfehlungen und -restriktionen bei Entwicklung von LPBF-Bauteilen gibt die vierstufig untergliederte Chronologie in Abbildung 2.14.

Die Chronologie ist dabei in Bezug auf Prozessabarbeitung und Priorisierung in die Bereiche Platzieren, Dimensionieren, Abstützen und Reinigen sortiert. Die Erkenntnisse und Zahlenwerte der gezeigten Gestaltungsrichtlinien basieren auf validierten Versuchen, durchgeführt auf einer ausgewählten LPBF-Anlage EOS 280, welche anderen LPBF-Anlagen des Standes der Technik nahekommt. Als erster Schritt wird das Bauteil in der Druckkammer selbst positioniert. Neben der Einhaltung der maximalen Abmessungen der Substratplatte, liegt der Fokus auf der gewünschten Orientierung des Bauteils in Aufbaurichtung die damit festgelegt wird. Die Positionierung und Orientierung des Bauteils stellt den zentralen Schritt der gesamten Bauteilgestaltung der additiven Fertigung dar.

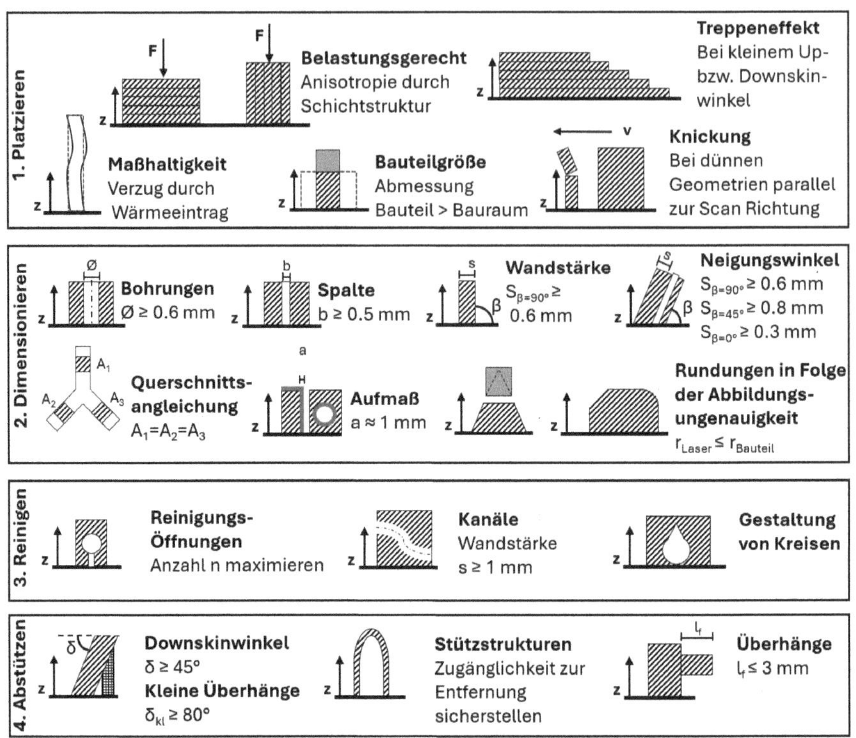

Abbildung 2.14: Chronologie der Gestaltungsrichtlinien für LPBF-Bauteile [32]

Die exakte Platzierung und Ausrichtung der Aufbaurichtung ist ein komplexer Vorgang mit vielen zu beachtenden Einflussfaktoren, da während des gesamten Entwicklungsprozesses die Betrachtung und Gestaltung der Geometrie immer in Bezug zur Aufbaurichtung bzw. Substratplatte erfolgt [31]. Zu beachten sind der Einfluss auf die Ausprägung der Treppenstruktur in Abhängigkeit des Upskin- und Downskin-Winkels δ, wobei der Downskin-Winkel den eingeschlossenen Winkel zwischen Unterkante der Geometrie und Substratplatte, der Upskin-Winkel den eingeschlossenen Winkel zwischen Oberkante der Geometrie und Substratplatte beschreibt. Zusätzlich gilt es, die Gefahr von Knicken bei dünnen, hohen Strukturen, die Bauteilmaßhaltigkeit bei Wärmeeintrag, die Oberflächenqualität sowie die belastungsgerechte Ausnutzung der Anisotropie des Materials durch den Schichtenaufbau zu berücksichtigen. All diese Faktoren hängen somit direkt von der Bauteilorientierung ab, weshalb diese aus konstruktiver Betrachtung den gesamten Gestaltungsprozess bestimmt.

Im zweiten Schritt der Dimensionierung des Bauteils werden herstellbare Mindestwandstärken mit ≈ 0.6 mm und minimale Bohrungsdurchmesser von ≈ 0.5 mm als Anhaltswerte definiert. Die korrelierende minimale Außenwandstärke der Bohrungen sind immer unter Berücksichtigung des Neigungswinkels zur Aufbaurichtung zu bewerten, da dieser einen entscheidenden Einfluss aufweist. Werden für den Einsatz des Bauteils mechanisch bearbeitete Funktionsflächen benötigt, müssen diese mit einem entsprechenden Bearbeitungsaufmaß von ≈ 1 mm in der Rohteilgestaltung des Bauteils vorgesehen werden. Zusätzlich muss die Zugänglichkeit der Fläche für die mechanische Nacharbeit in Abhängigkeit des gewünschten Bearbeitungsverfahren bedacht werden. Möglichst homogene Querschnittsübergänge ohne starke Querschnittssprünge, Materialanhäufungen und scharfe Kanten sind zu favorisieren. Dadurch können die im Fertigungsprozess induzierten Eigenspannungen reduziert werden und die Gefahr von Bauteilrissen und Deformation wird minimiert [13].

Im Entwicklungsprozess des Bauteils sind neben der Gestaltung der Geometrie selbst auch direkt das anschließende Post-Processing zu bedenken, welches unter Schritt 3 Reinigen zusammengefasst sind. Daher sind das Reinigen sowie Abstützen von überhängenden Geometrien oder Kanälen chronologisch direkt an die Gestaltungsrichtlinien mit angeschlossen. Die ausreichende Zugänglichkeit von Kanälen, Hohlräumen oder Bohrungen zur Entfernung des Restpulvers aus dem fertig aufgebauten Rohteil sind zu beachten.

Darüber hinaus sind frei hängende Geometrien oder Übergänge mit einem überkritischen Downskin-Winkel $\delta > 45°$ mit Stützstruktur zu versehen, was in Schritt 4 gezeigt wird. Dies ist nötig um die Druck- bzw. Oberflächenqualität nicht zu beeinträchtigen, wie links in Abbildung 2.15 aufgezeigt. Der Einfluss des Downskin-Winkels auf nicht abgestützte Bauteilgeometrien an reellen Probestücken ist rechts daneben abgebildet.

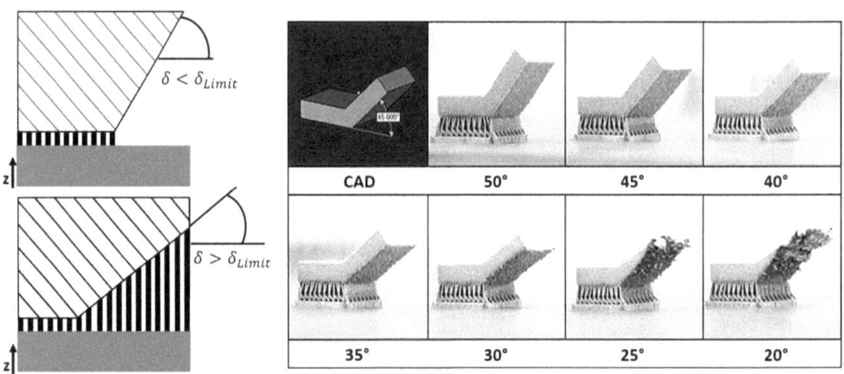

Abbildung 2.15: Abstützung in Abhängigkeit des Downskin-Winkels δ (links) [14] und Einfluss des Downskin-Winkels δ auf Fertigungsqualtität ohne Stützstruktur (rechts) [19]

Die optische Auswertung der additiv gefertigten, nicht abgestützten Probekörper zeigt einen Abfall der erzielten Oberflächenqualität bei Reduktion des Downskin-Winkels. Die Verschlechterung der Oberflächenqualität ist auf den Schichtauftrag des Lasers auf dem pulverförmigen Material, anstatt auf Stützstrukturen oder massive Geometrien zurückzuführen. Anstatt die Wärme an die Stützstruktur zu dissipieren wird durch den Fokuspunkt des Lasers pulverförmiges Material lokal aufgeschmolzen und agglomeriert. Somit leidet die Bauteiloberfläche und schlimmstenfalls kann dies zum Prozessabbruch führen [13]. Dieser Effekt ist ebenfalls bei der Gestaltung von Kanälen zu beachten, wofür Abbildung 2.16 links die Abstützung von kreisrunden Kanälen zeigt. Rechts daneben sind verschiedene Ausführungsmöglichkeiten für Querschnitte, optimiert für die additive Fertigung präsentiert.

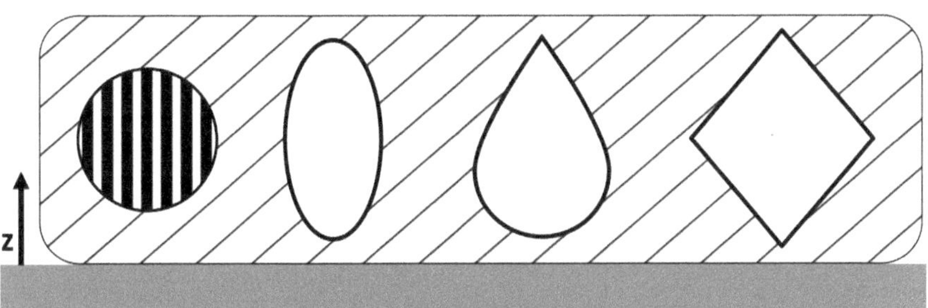

Abbildung 2.16: Abstützung kreisrunder Kanalquerschnitte (links) [14] und Gestaltungsmöglichkeiten von Kanal-Querschnitten im LPBF (rechts) [13]

Die Orientierung der Kanäle in der Darstellung sind parallel zur Substratplatte. Bei solchen horizontalen Kanälen ist der ohne Stützstruktur herstellbare, maximale Kreisquerschnitt auf ≈ 8 mm Innendurchmesser begrenzt, um eine adäquate Oberflächenqualität und Formhaltigkeit sicher zu stellen. Neben dem Kreisquerschnitt sind exemplarisch drei Querschnittsvarianten gezeigt, mit denen Kanäle größeren Querschnitts ohne Stützstrukturen direkt additiv gefertigt werden können. Dabei können elliptische, tropfenähnliche oder rautenförmige Geometrie je nach Anforderungen realisiert werden. Die Reduktion des maximalen Durchmessers im oberen Bereich des Querschnitts in Verbindung mit nicht zu steilen Steigungswinkeln für die Tropfen- und Trapezform ist dabei entscheidend. Zur Reduktion der Eigenspannungen und Kerbwirkung ist es auch in den Kanälen selbst empfehlenswert, die entstehenden Ecken mit Rundungen auszuführen [2, 13, 20]. Unter Berücksichtigung der Besonderheiten und Restriktion durch eine angepasste Konstruktionsmethodik, verleiht die additive Fertigung dem Konstrukteur enorme Gestaltungsfreiheiten. Der Gestaltungsprozess ist häufig ein Abwägen und Priorisieren von Funktionen und Anforderungen, da Zielkonflikte bei Positionierung und Aufbaurichtung entstehen [31].

3 Konzeptionierung Einzylinder

Die Basis und Referenz des neuen Methanmotors stellt die aktuelle Entwicklungsstufe des aufgeladenen 1.5 l Dreizylinder-Benzinmotors Ford EcoBoost dar, der in der Grundstufe unter anderem im Ford Focus zum Einsatz kommt. Im Folgenden wird der Referenz-Benzinmotor EcoBoost zunächst in seinem mechanischen Aufbau und thermodynamischer Performance analysiert und konstruktive, mechanische sowie thermodynamische Randbedingungen abgeleitet, welche bei der Entwicklung des neuen Einzylinder-Methanmotors zu berücksichtigen sind. Das am Einzylinder entwickelte Brennverfahren wird im Anschluss auf den Methan-Dreizylindermotor übertragen, weshalb die geometrischen Randbedingungen für den Dreizylinder bereits am Einzylinder beachtet werden müssen. Basierend auf den definierten Randbedingungen wird das Konzept des neuen Einzylinder-Methanmotors ausgearbeitet.

3.1 Analyse und Randbedingungen Referenzmotor

Das Zylinderkurbelgehäuse des Dreizylinder-Benzinmotors ist als Deep-Skirt Zylinderblock in Open-Deck Bauweise ausgeführt. Dies ermöglicht eine effektive Kühlung im thermisch und mechanisch hochbelasteten oberen Teil der Zylinderlaufbahn, was in Kapitel 3.1.2 detaillierter betrachtet wird. Sowohl das Zylindergehäuse als auch der Zylinderkopf bestehen aus einer Aluminium-Gusslegierung. Der Zylinderkopf wird über acht M10 Schrauben auf dem Zylinderkurbelgehäuse montiert, was den maximalen Spitzendruck des Motors auf 130 bar limitiert. Das Zylinderkurbelgehäuse des Dreizylinder-Benzinmotors stellt ein Übernahmebauteil für den Dreizylinder-Methanmotor dar. Für die Vergleichbarkeit des Benzin-Brennverfahrens zum Methan-Brennverfahren sind die geometrischen Abmessungen des Kurbeltriebs des neuen Einzylinders identisch zum Referenzmotor. Zur Darstellung der Potenziale durch Methan sind höhere Spitzendrücke für den Einzylindermotor vorgesehen und dieser wird entsprechend mechanisch belastbarer ausgeführt. Tabelle 3.1 zeigt die Motor-

© Der/die Autor(en), exklusiv lizenziert an
Springer Fachmedien Wiesbaden GmbH, ein Teil von Springer Nature 2025
S. Bucherer, *Konzept, Design und Validierung eines Einzylinder-Methan-Brennverfahrens mit konditionierter aktiver Vorkammerzündkerze unter Nutzung additiver Fertigungsverfahren*, Wissenschaftliche Reihe Fahrzeugtechnik Universität Stuttgart,
https://doi.org/10.1007/978-3-658-48237-4_3

spezifikationen des Dreizylinder-Benzinmotors und verglichen mit dem neuen Methan-Einzylindermotors.

Tabelle 3.1: Vergleich Dreizylinder-Benzinmotor zu Einzylinder-Methanmotor

	Dreizylinder Benzinmotor	Einzylinder Methanmotor
Hub [mm]	90	90
Bohrung [mm]	84	84
Desachsierung [mm]	0.4	0.4
Schränkung [mm]	10	10
Hubraum je Zylinder [cm^3]	500	500
Verdichtungsverhältnis [-]	12.5	> 14
Einlassventilwinkel [°]	20	20
Auslassventilwinkel [°]	20.3	20.3
Einspritzsystem [-]	Direkteinspritzung	Direkteinblasung
Ziel-Wirkungsgrad [%]	40	42
Max. Spitzendruck [bar]	130	160

Der Zylinderkopf des Referenzmotors ist mit einer zentralen Benzin-Direkt-einspritzung und konventioneller Hakenzündkerze ausgestattet. Die Einlass-kanäle sind mit Fokus auf eine hohe Tumbleströmung zur Erzielung einer hohen Ladungsbewegung gestaltet. Für die Aufladung kommt ein Turbolader mit variabler Turbinengeometrie (VTG) zum Einsatz, welcher sehr variabel über das Motorkennfeld betrieben werden kann. Die Ventilsteuerung erfolgt über einen elektro-hydraulisch verstellbaren Ventiltrieb, was die bedarfsorientierte Variabilität der Ventilsteuerzeiten innerhalb gewisser Grenzen ermöglicht. Der Ventilhub des Auslassventils ist konstant und nicht verstellbar, allerdings kann die Steuerzeit der Auslassventile durch einen Phasensteller an der über Zahnrie-men angetriebenen Auslassnockenwelle verstellt werden. Für die Einlassventile ist die individuelle Verstellung der Steuerzeiten und des Ventilhubs, entkoppelt von Einlassventil öffnet und Einlassventil schließt möglich [48].

Die elektro-hydraulische Verstellung erfolgt über einen Master-Nocken auf der Nockenwelle, dessen Hub hydraulisch auf die Einlassventile übertragen wird. Dies ermöglicht eine Zyklus genaue Verstellung des Einlassventilhubs, nach einer Art Phasenanschnitt-Phasenabschnitt-Verfahren. Die Variabilität im Ventiltrieb ermöglicht eine Einstellung des effektiven Verdichtungsverhältnisses nach dem Miller-Konzept sowie einer internen Abgasrückführung über den Restgehalt im Zylinder [73].

Die zuvor thematisierte Übernahme des Zylinderkurbelgehäuses des Referenzmotors bedeutet auch, dass die Kompatibilität des neuen Dreizylinder-Zylinderkopfs mit dem bestehenden Zylinderkurbelgehäuse des Referenzmotors zu gewährleisten ist. Die Ventilsteuerung des Dreizylinder-Methanmotors soll weiterhin mit der bewährten, variablen Ventilsteuerung UniAir erfolgen. Die Positionierung der Ladungswechselventile und Ventilsitzringe sowie der Ventilwinkel der Einlass- und Auslassventile sind somit fixiert. Die Flanschflächen bzw. Schnittstellen zwischen Zylinderkopf und UniAir Modul sind bereits für die Konzeption des Einzylinders zu berücksichtigen. Darüber hinaus ist die Gestaltung der Ladungswechselkanäle aufgrund der verbindlichen Zylinderkopfhöhe sowie der Flanschbilder von Ansaugung und Abgaskrümmer eingeschränkt.

3.1.1 Festlegung der Betriebspunkte

Neben dem mechanischen Aufbau des Dreizylinder-Benzinmotors ist dessen thermodynamische Betrachtung für die Analyse und spätere Vergleichbarkeit mit dem neuen Methan-Brennverfahren entscheidend. Neben der virtuellen Motorentwicklung ist die Validierung des Einzylinder-Methanmotors auf dem Motorenprüfstand vorgesehen, wobei die Untersuchungen und Simulationen an fünf definierten, stationären Betriebspunkten (BP) durchgeführt werden. Die Festlegung der Betriebspunkte ist somit entscheidend dafür, dass sowohl für einen späteren Fahrzeugbetrieb realitätsnahe als auch für die Entwicklung relevante und kritische Betriebszustände ausgewählt werden. Abbildung 3.1 zeigt den indizierten Mitteldruck über die Drehzahl für den Dreizylinder-Benzinmotor, anhand dessen die BP für die Motorentwicklung festgelegt werden.

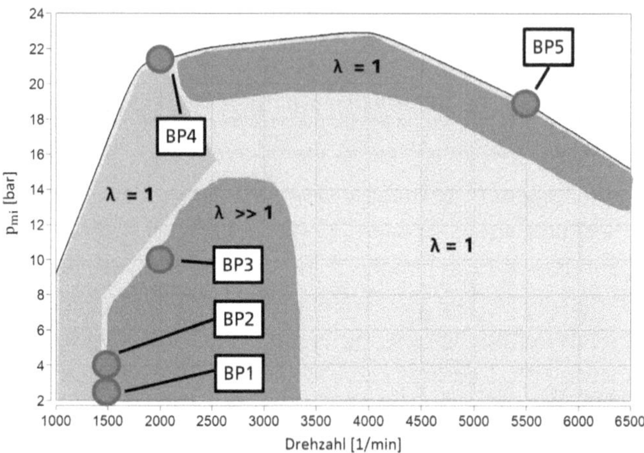

Abbildung 3.1: Indizierter Mitteldruck über Drehzahl des Dreizylinder Referenzmotors [59]

In der Volllast wird der Dreizylinder-Benzinmotor bis 3000 1/min stöchiometrisch betrieben. Bei steigender Drehzahl wird hauptsächlich aus Gründen des Bauteilschutzes in den unterstöchiometrischen Betrieb gewechselt. Der maximale indizierte Mitteldruck von 23 bar wird bei 4000 1/min, die maximale Leistung von 110 kW bei 5500 1/min erzielt. Im dargestellten Kennfeld des Referenzmotors sind unterschiedliche Bereiche markiert, welche für die Entwicklung des neuen Methan-Brennverfahrens besonders zu berücksichtigen sind. Der untere hervorgehobene Bereich umfasst die Teillast für niedrige Drehzahlen bis etwa 3300 1/min. In diesem Bereich soll der neue Methanmotor zur Reduktion der Stickoxide und Anhebung des Wirkungsgrads überstöchiometrisch mit aktiver Vorkammerzündkerze betrieben werden. Für den Nachweis der Abmagerungsfähigkeit des neuen Brennverfahrens für verschiedene Lastanforderungen sind in diesem Bereich drei Betriebspunkte, für Leerlauf BP1, Niederlast BP2 und für Teillast BP3 definiert. Außerhalb des grünen Bereichs ist der stöchiometrische Betrieb des Methanmotors sowohl mit als auch ohne Einblasung von Methan in die Vorkammerzündkerze angedacht.

Links hervorgehoben ist der kritische Bereich zur Erreichung des geforderten Drehmoments bei niedrigen Drehzahlen für den Motorbetrieb mit Methan im Vergleich zu Benzin, was in Kapitel 2.1.3 bereits thematisiert wurde. Ein überstöchiometrischer Betrieb in diesem Bereich wäre bezogen auf die Leistungsanforderung möglich, jedoch würde dies den benötigten Luftbedarf und den, vom Abgasturbolader zur Verfügung zu stellenden, Ladedruck nochmals steigern. Die aufgrund der Verbrennung von Methan ohnehin schon geringere Abgasenthalpie, würde durch die überstöchiometrische Verbrennung nochmals verringert werden. Der bereits kritische Betriebspunkt für den Abgasturbolader würde so noch weiter verschärft werden [59]. In diesem kritischen Bereich wird der bezogen auf gefordertes Drehmoment und Luftbedarf anspruchsvollste Betriebspunkt bei 2000 1/min in der Volllast BP4 definiert.

Darüber hinaus ist der Hochlastbereich am oberen Rand markiert. Für den Nachweis des gesetzten Entwicklungsziels zur Realisierung äquivalenter Leistung verglichen mit dem Dreizylinder-Benzinmotor, ist der letzte Betriebspunkt BP5 im Nennleistungspunkt des Benzinmotors bei 5500 1/min platziert. Die fünf definierten Betriebspunkte, welche Leerlauf, Teillast und Volllast umfassen, sind in der folgenden Tabelle 3.2 noch einmal zur Übersicht aufgelistet:

Tabelle 3.2: Festlegung Betriebspunkte für Motorentwicklung

Betriebspunkt	Drehzahl [1/min]	indizierter Mitteldruck [bar]
BP1	1500	1.5
BP2	1500	4
BP3	2000	10
BP4	2000	Volllast
BP5	5500	Volllast

3.1.2 Kühlsystem

Um die Funktionalität des Brennverfahrens aufgrund von thermischer Überlastung nicht zu beeinträchtigen, rückt das Kühlsystem neben der bereits thematisierten geometrischen Steifigkeit von Zylindergehäuse, Zylinderkopf und Zylinderkopfverschraubung des Referenzmotors in den Fokus der Konstruktion. Die Durchströmung der Bauteile des Dreizylinder-Benzinmotors nach dem sogenannten Quer-Umkehrströmungs-Konzept erfolgt dabei durch Priorisierung des Kühlungsbedarfs der einzelnen, thermisch hoch belasteten Bauteile und wird in Abbildung 3.2 visualisiert. Die Reihenfolge der Durchströmung repräsentiert somit gleichzeitig die Priorisierung des Kühlungsbedarfs der einzelnen Bereiche.

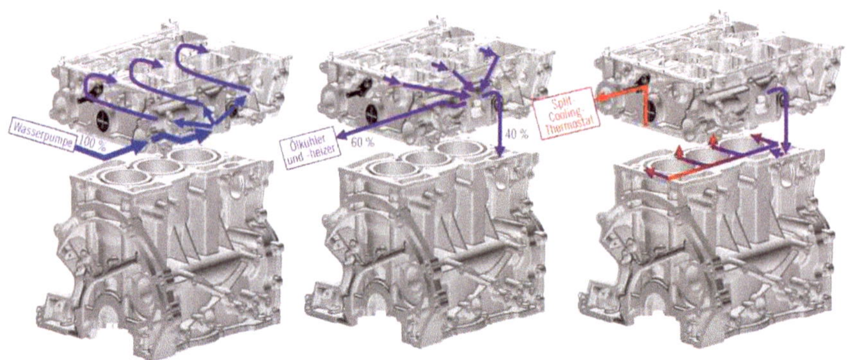

Abbildung 3.2: Kühlkonzept Dreizylinder Referenzmotor [73]

Das in Abbildung 3.2 links blau dargestellte Kühlwasser tritt auf der Auslassseite des Motors in den Zylinderkopf ein und umströmt dort zunächst den integrierten Abgaskrümmer. Anschließend werden die Ventilsitzringe und Ventilstege der Auslassseite gekühlt, bevor der Kühlwasserstrom über das Brennraumdach zur Einlassseite des Motors geleitet wird. Von dort strömt das Kühlwasser, grafisch in lila dargestellt, in das obere Deck des Kühlwassermantels und fließt um die Auslassventilführungen herum und oberhalb des integrierten Abgaskrümmers zurück zur Auslassseite. Das zurückströmende Kühlwasser wird nun aufgeteilt. Ein Teil wird für die Kühlung des Zylinderkurbelgehäuses, der Rest zur Ölkühlung und Ölheizung je nach Motorbetriebspunkt verwendet. Das in das Zylinderkurbelgehäuse eintretende Kühlwasser umströmt die Zylinderlaufbuchsen, fließt anschließend durch Übergabestellen in der Zylinderkopfdichtung zurück in den Zylinderkopf und von dort zur Wasserpumpe. Der Kühlkreislauf ist somit geschlossen und ermöglicht durch Regelung des Thermostats am Kühlwasseraustritt des Zylinderkopfes eine Split-Cooling Strategie von Zylinderkopf und Zylinderkurbelgehäuse.

3.2 Aufbau Einzylinder-Methanmotor

Der Einzylinder Forschungsmotor ist modular für den Betrieb auf dem Motoren-
prüfstand aufgebaut. Dabei wird auf den Unterbau mit Massenausgleichs- und
Kurbeltrieb (Bottom-End) eine Grundplatte montiert auf dem sich der Oberbau
(Top-End) befindet, wie in Abbildung 3.3.

Abbildung 3.3: Aufbau Einzylinder-Methanmotor

Das Top-End setzt sich aus Zylindergehäuse mit hängender Zylinderlaufbuchse,
bestücktem Zylinderkopf inkl. aller Medienanschlüsse und Riementrieb zusammen. Durch den modularen Aufbau ist neben einer guten Zugänglichkeit zur
Wartung die Flexibilität zum Betrieb verschiedener Motor-Geometrien sowie
Bohrungs- und Hubgrößen gewährleistet.

3.3 Zylinderkopf

Sowohl der Zylinderkopf des Dreizylinder- als auch des Einzylinder-Methanmotors werden in der Aluminiumlegierung AlSi10Mg hergestellt. Der Zylinderkopf des Einzylinders wird mittels additiver Fertigung im LPBF-Verfahren, der Zylinderkopf des Dreizylinders im Gussverfahren mit additiv gefertigten Sandkernen hergestellt. Der Zylinderkopf und die aktive Vorkammerzündkerze sind die komplexesten Komponenten in der Entwicklung des neuen Methanmotors und sind dabei maßgeblich für das thermodynamische Potenzial des Brennverfahrens verantwortlich. Durch die fixierte Position der Ladungswechselventile und Ventilsitzringe sind die verbleibenden Freiheitsgrade die Position und Gestaltung von Ladungswechselkanälen, Vorkammerzündkerze, Injektor und Brennraumdach im Zylinderkopf. Die Herausforderung hierbei ist den bestmöglichen Kompromiss zur Lösung des Zielkonflikts zwischen optimaler thermodynamischer Anordnung der einzelnen Komponenten und den geometrischen Randbedingungen, speziell für die Integration des Kühlwassermantels zu finden. Das Zusammenspiel aus flachem Brennraumdach mit zentraler Vorkammer, Muldenkolben und Ladungsbewegung durch Quetschströmung, das in zuvor untersuchten Geometrien [49] gute Ergebnisse zeigte, ist durch den großen Ventilwinkel nicht möglich.

Zunächst gilt es die Aufbaurichtung des Zylinderkopfs für den LPBF-Prozess zu definieren, wobei die maßgeblichen Geometrien des Zylinderkopfs zu beachten sind. Diese umfassen die hohen, nahezu senkrecht stehenden Außenwände, vier Schraubenpfeifen, die Abstützung der Nockenwellenlager sowie dem großen Zündkerzenschacht für die Vorkammerzündkerze. Diese Geometrien können bei Positionierung des Zylinderkopfs im Druckbett analog zum späteren Motorbetrieb mit Brennraumseite unten und senkrechter Aufbaurichtung ohne Stützstruktur gefertigt werden. Durch den Einsatz des Einzylinder-Methanmotors ausschließlich auf dem Motorenprüfstand ist die Beachtung von LeichtbauPotenzialen irrelevant. Die Kanalführung und Querschnittsform der Kühlkanäle sind bei senkrechtem Aufbau, unter Beachtung des maximalen Downskin-Winkels δ, konstruktiv strömungsoptimiert gestaltbar. Die Gestaltung der hierdurch etwa parallel zum Druckbett liegenden Ladungswechselkanäle und des Brennraumdachs erfolgen nach thermodynamischen Anforderungen. Diese werden zur Erzielung möglichst geringer, geometrischer Abweichungen zur simulierten Geometrie gefräst und haben somit für die Aufbaurichtung des Zylinderkopfs keine Relevanz. Der Zylinderkopf wird somit senkrecht, am Brennraum startend, additiv gefertigt.

Nach Definition der Aufbaurichtung wird die Anordnung und Gestaltung der thermodynamisch relevanten Komponenten und des Brennraums konzipiert. Für die Erzielung von Ladungsbewegung im Brennraum kommt grundsätzlich eine Drall- oder eine Tumbleströmung in Frage, die schematisch in Abbildung 3.4 dargestellt sind.

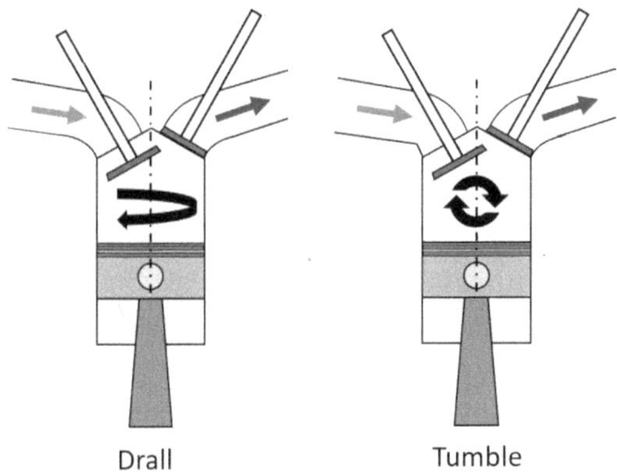

Abbildung 3.4: Ladungsbewegung durch Drall (links) und Tumble (rechts) [42]

Die Drallströmung ist eine Rotation der Zylinderladung im Brennraum um die Zylinderachse, die im linken Teil von Abbildung 3.4 zu sehen ist. Die externe Erzeugung der Drallströmung wird über die Geometrie des Einlasskanals realisiert. Hierfür kann der Einlasskanal leicht gebogen geformt werden, um die einströmende Ladung bereits in die gewünschte Rotationsbewegung um die Zylinderachse zu versetzten. Eine weitere Möglichkeit ist die Einleitung der Ladung tangential zur Zylinderwand, um die Drallströmung durch rotationsförmige Führung der Ladung entlang der Zylinderwand zu erzeugen.

Die Alternative zur Drallströmung ist die Tumbleströmung, welche durch eine Rotationsbewegung der Ladung normal zur Zylinderachse charakterisiert ist (siehe Abbildung 3.4 rechts). Durch die Gestaltung des Einlasskanals möglichst parallel zum Brennraumdach in Strömungsrichtung der Ladung wird ein möglichst hoher Anteil der Ladung zur Einströmung oberhalb des Einlassventiltellers gezwungen. Dies führt zur Ausbildung der Tumbleströmung, durch ihre Form oft auch Tumblewalze genannt, im Hauptbrennraum. Durch Anbringung einer Abrisskante der Strömung im unteren Bereich des Einlasskanals kann der Anteil der einströmenden Ladung oberhalb des Einlassventiltellers noch erhöht und die Tumbleströmung intensiviert werden. Die Intensität der Tumbleströmung kann durch die dimensionslose Tumblezahl charakterisiert werden, welche eine Auswertegröße der 3D-CFD Simulation in folgenden Betrachtungen darstellt. Im Gegensatz zur Drallströmung, welche auch in der Kompressionsphase noch stabil erhalten bleibt, zerfällt die Tumbleströmung nahe des oberen Totpunkts fast vollständig in Turbulenz [18, 64].

Die Gestaltungsfreiheit des Einlasskanals wird durch die Position des hydromechanischen Elements zum Ventilspielausgleich der Einlassventile sowie der Übernahme des Ansaugkrümmers am Dreizylinder-Methanmotor restriktiert. Der Ansaugkrümmer und die Gestaltung des Ansaugflansches des Referenz-Benzinmotors sind für Einlasskanäle mit Tumbleströmung ausgeführt. Basierend auf diesen geometrischen Restriktionen ist auch der Einlasskanal des Methanmotors zur Ausbildung einer Tumblewalze möglichst flach und parallel zum Auslassventilteller gestaltet. Das Brennraumdach folgt einer möglichst runden und symmetrischen Form, um die Gasströmung so wenig wie möglich zu beeinträchtigen. Der für das Projekt zur Verfügung stehende Prototypen-Injektor zur Methan-Direkteinblasung ist eine A-Düsen Ausführung und besitzt einen konischen Spraykegel mit 70° Kegelwinkel. Der maximale Einblasdruck des Injektors liegt bei 16 bar absolut. Ein höherer Einblasdruck reduziert die im Fahrzeugbetrieb nutzbare Kraftstoffmasse durch den höheren, benötigten Restdruck im Tank. Die Gemischaufbereitung und Freiheit der Einblasstrategie werden erhöht, was die erzielbare Spitzenleistung steigert. Der ausgewählte Einblasdruck 16 bar entspricht einem Kompromiss aus erzielbarer Fahrzeugreichweite und erzielbarer Leistung [64]. Für die Position des Injektors und die Geometrie des Einlasskanals sind zwei unterschiedliche Konzepte in Voruntersuchungen betrachtet worden.

Im ersten Brennraumkonzept ist der Injektor in nahezu zentraler Position zwischen der Vorkammerzündkerze und den beiden Auslassventilsitzringen platziert. Dies kommt dem konischen Spray des Injektors entgegen und soll die Homogenisierung im Zusammenspiel mit der Tumbleströmung fördern. Eine zentrale Injektor Position zeigt Vorteile in Bezug auf HC-Emissionen gegenüber einer Einblasung mit oder gegen die Tumbleströmung [51]. Die Position des Injektors orientiert sich dabei an der bisherigen Position der Hakenzündkerze des Dreizylinder-Benzinmotors, da dieser Bauraum durch den Entfall der Hakenzündkerze zur Verfügung steht. Durch eine zentrale, parallel zur Zylinderachse orientierte Positionierung der Vorkammerzündkerze im Zylinderkopf soll die Spülung der Vorkammer von Restgas sowie die Gemischbildung im Bereich der Elektrode unterstützt werden [69]. Des Weiteren haben die aus der Vorkammer ausgehenden Zündstrahlen in alle Richtungen des Brennraums denselben Abstand bis zur Zylinderwand, was einen symmetrischen Durchbrand des Hauptbrennraums begünstigen und die Neigung zu klopfender Verbrennung minimieren soll [39, 52]. Das ausgearbeitete Brennraumkonzept mit zentraler Lage des Injektors ist in Abbildung 3.5 gezeigt.

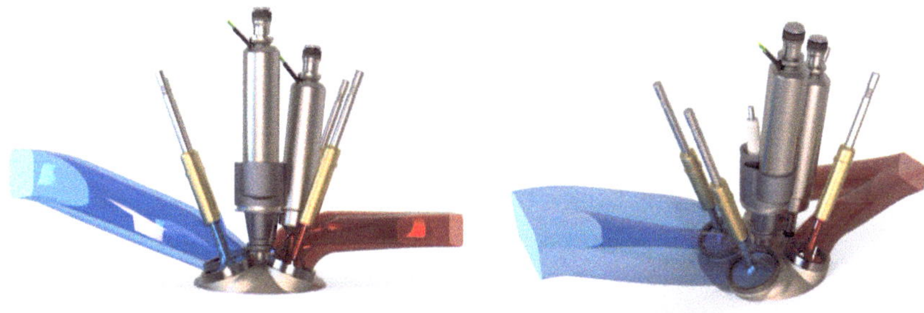

Abbildung 3.5: Brennraumkonzept zentrale Injektor Position [59]

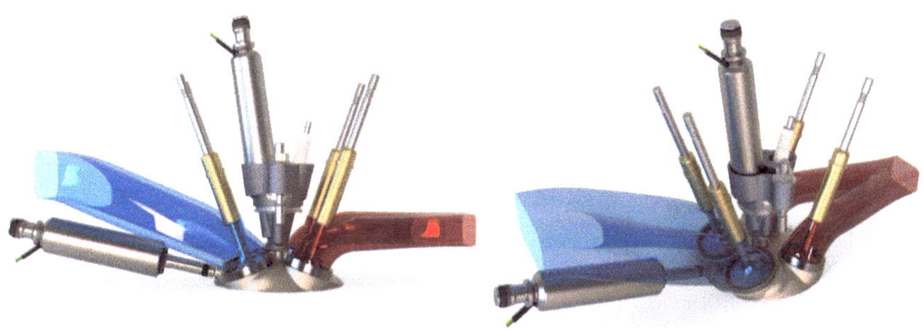

Abbildung 3.6: Brennraumkonzept Injektor unter Einlasskanal [59]

Das zweite untersuchte Brennraumkonzept sieht die seitliche Platzierung des DI-Injektors unterhalb des Einlasskanals vor und ist in Abbildung 3.6 für einen direkten Konzeptvergleich dargestellt. Die Zündkerze und der Injektor in der VK nehmen dabei den Bauraum der entfallenden Hakenzündkerze und des zentralen Injektors für die Benzin-Direkteinspritzung des Referenzmotors ein. Der vorhandene, bisher für Hakenzündkerze und Benzin DI-Injektor verwendete Bauraum, im Zylinderkopf und das UniAir System des Dreizylinders kann hierbei genutzt werden. Dies bedeutet eine enorme Reduktion des konstruktiven Aufwands am Dreizylinder und ermöglicht die problemlose Übernahme des UniAir Systems ohne konstruktive Änderung. Der Einlasskanal ist ebenfalls mit Fokus auf eine möglichst effektive Tumbleströmung gestaltet, muss jedoch geometrisch etwas steiler gestellt werden, um ausreichen Platz für den darunter liegenden Injektor zu schaffen. Der mit 78° zur Zylindermittelachse geneigte, sehr flach liegende seitliche Injektor soll die die Ausbildung der Tumbleströmung durch die Direkteinblasung des Methans in den Brennraum unterstützen.

Die simulativen Voruntersuchungen werden aufgrund des frühen Stadiums der Entwicklung am Brennraum des Referenz-Benzinmotors als Einzylinder mit dessen Ladungswechselkanälen und Kolben durchgeführt. Die Position des Injektors ist wie beschrieben für die beiden Varianten variiert, die verwendete Vorkammer ist eine idealisierte Vorkammer. Diese VK erfüllt die definierten Bauraumbedingungen nicht und wird im weiteren Entwicklungsverlauf angepasst (4.2.4). Die Vorgehensweise und detaillierte Prozessbeschreibung der 3D-CFD Strömungssimulation werden in [8, 11, 59, 60] ausführlich erläutert. Der Vergleich der beiden Injektorpositionen in der 3D-CFD Strömungssimulation zeigt diverse Unterschiede, wobei zunächst die Intensität des Tumbles in Abbildung 3.7 in BP4 betrachtet wird.

Die seitliche Lage des Injektors zeigt eine deutlich gesteigerte Intensität des Tumbles verglichen mit der zentralen Lage. Der direkte Effekt der Turbulenzerhöhung durch den Injektor zeigt sich zum Einblasezeitpunkt bei -285°KW n.ZOT durch das Maximum im Tumble. Dieses höhere Tumbleniveau der seitlichen Lage des Injektors bleibt bis zum Zerfall der Tumbleströmung in Turbulenz nahe des OT erhalten. Neben der Turbulenz im Brennraum ist die Untersuchung der Homogenisierung im Hauptbrennraum von Bedeutung. Zum einen stellt sich diese durch die volumetrische Verteilung des Lambdas über den Kurbel-

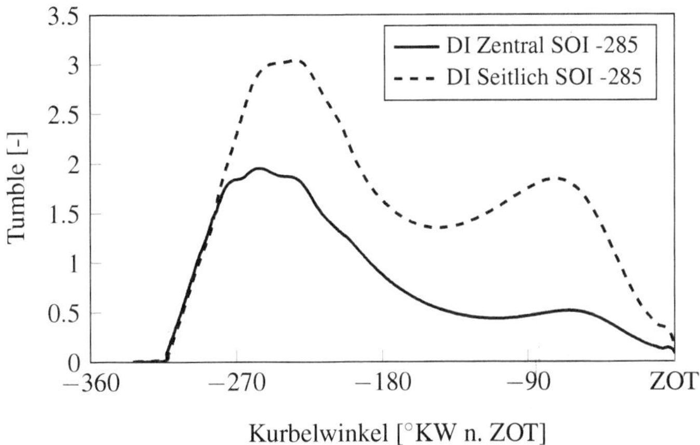

Abbildung 3.7: Vergleich Tumble seitlicher und zentraler Injektor in BP4 bei 2000 1/min, λ=1 und Volllast [59]

winkel im Brennraum, abzulesen an der Farbskala und der linken Ordinate, dar. Zum anderen wird das Gemisch durch drei Kurven mit verschiedenen Lambda-Bereichen und deren prozentualen Anteil am gesamten Zylindervolumen aufgeteilt. Die ist in Abbildung 3.8 für den zentralen und in Abbildung 3.9 für den seitlichen Injektor durch die Lambda Volumen Verteilung im Hauptbrennraum in BP4 visualisiert.

Eine gute Homogenisierung wird bei stöchiometrischem Betrieb in BP4 durch einen möglichst hohen, prozentualen Anteil der Zylinderladung in Bereich zwischen $\lambda = 0.95$ und $\lambda = 1.05$ erreicht. Unter diesem Gesichtspunkt erzielt die zentrale Position des Injektors mit $\approx 60\,\%$ des Volumens nahe stöchiometrischer Bedingungen zum Zündzeitpunkt eine bessere Homogenisierung als die seitliche Position mit lediglich $\approx 52\,\%$. Dieser Vorteil in der Gemischbildung ist auf das Zusammenspiel des konischen Injektor-Sprays mit 70° Spraywinkel und der zentralen Injektor Position zurückzuführen. Mit Auswertung einiger Kennwerte in Tabelle 3.3 wird der thermodynamische Vergleich der seitlichen zur zentralen Position des Injektors finalisiert.

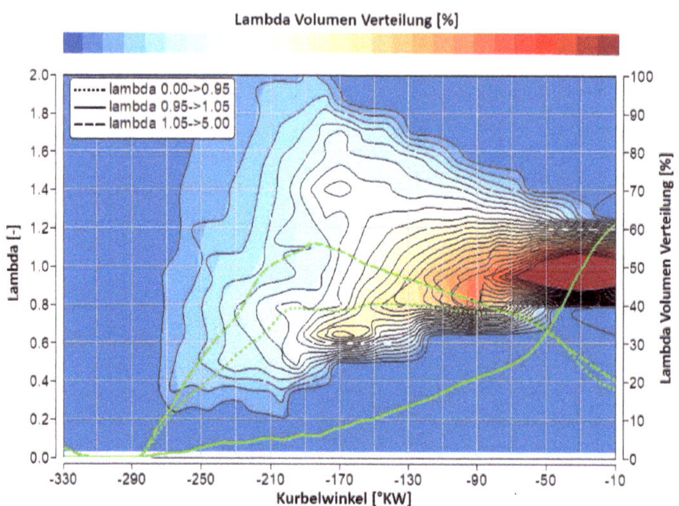

Abbildung 3.8: Lambda Verteilung zentraler Injektor in BP4 bei 2000 1/min, λ=1 und Volllast

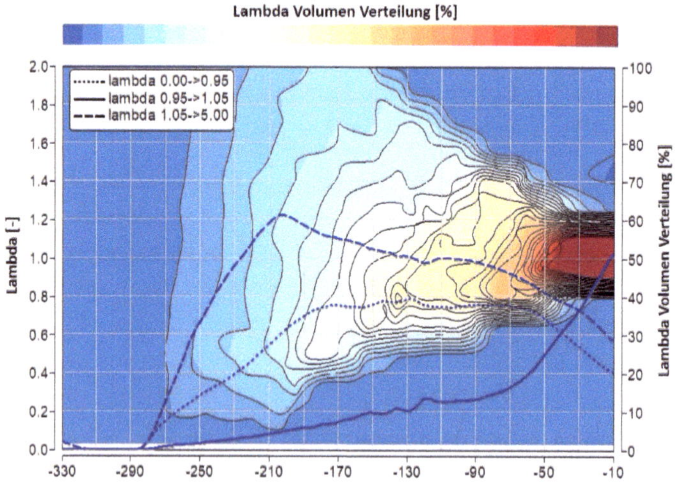

Abbildung 3.9: Lambda Verteilung seitlicher Injektor in BP4 bei 2000 1/min, λ=1 und Volllast

Tabelle 3.3: Vergleich seitlicher und zentraler Injektor in BP4 bei 2000 1/min, λ=1 und Volllast

	Injektor seitlich	Injektor zentral
SOI [°KW n.ZOT]	-285	-285
ZZP [°KW n.ZOT]	-8	-8
indiz. Mitteldruck [bar]	23.4	23.2
indiz. Wirkungsgrad [%]	41.4	41.0
AI50 [°KW n.ZOT]	11	13
AI10-90 [°KW n.ZOT]	19	21
TKE in Zylinder zum ZZP [m^2/s^2]	30	19
TKE in VK zum ZZP [m^2/s^2]	128	121

Trotz der vorteilhaften Gemischbildung der zentralen Lage führt die geringere Turbulenz in Brennraum zu einer verlangsamten Verbrennung und damit zu einem minimal verlangsamten Brenndauer AI10-90 verglichen mit der seitlichen Injektor Position. Die Schwerpunktlage AI50 ist bei gleichem ZZP ebenfalls 2°KW später, was in Summe zu einem Nachteil des indizierten Wirkungsgrads von 0.4 %-Punkten führt.

Darüber hinaus geht die zentrale Lage des Injektors mit einigen konstruktiven Nachteilen einher. Der Bauraum zwischen den Auslassventilsitzringen und der VK ist beengt. Durch die Positionierung des Injektors genau in diesem thermisch hoch belasteten Bauraum ist ein ausreichender Querschnitt des Kühlwassermantels nicht realisierbar. Es kommt somit potenziell zu einem Wärmestau am Injektor wodurch eine thermische Überbelastung nicht auszuschließen ist. Zusätzlich wird der zur Verfügung stehende Bauraum der VK eingeengt, wodurch die Gestaltungsfreiheit der Vorkammer-Innengeometrie bereits in der Konzeptphase eingeschränkt wird. Die Anordnung von Injektor und Zündkerze in der aktiven VK muss dann parallel zur Kurbelwellenmittelachse erfolgen, was einen großen konstruktiven Aufwand zur Integration der Vorkammerzündkerze am Dreizylinder bedeutet. Bei seitlicher Lage des Injektors steht der gesamte Bauraum, zentral oberhalb des Brennraumdaches, für die aktive Vorkammerzündkerze und den Kühlwassermantel zur Verfügung. Dies bedeutet ein hohes Maß an Designfreiheit für die Innengeometrie der VK sowie dem Kühlwassermantel von VK und Zylinderkopf. Die seitliche Position des Injektors weist Vorteile aus thermodynamischer Sicht auf, wird jedoch eine Erhöhung der HC-Rohemissionen zur Folge haben [51]. Die thermomechanische Betrachtung zeigt eindeutige Vorteile der seitlichen Position und wird daher für den neuen Methanmotor ausgewählt.

3.4 Vorkammerzündsystem

Die aktive Vorkammerzündkerze ist grundsätzlich aus vier Hauptkomponenten aufgebaut, dem Vorkammergehäuse, der Kraftstoffzuführung, der Zündkerze und der aufgeschweißten Kappe mit Überströmbohrungen. Die Gestaltung des Vorkammergehäuses und Vorkammer-Innenvolumens ist dabei stark abhängig von der Position der Zündkerze und der Art der Kraftstoffzuführung. Diese wird im Folgenden näher betrachtet.

3.4.1 Integration Zündkerze und Kraftstoffzuführung

Den ersten Schritt stellt die Gestaltung der VK-Innengeometrie basierend auf dem angestrebten VK-Innenvolumen und dem vorhandenen Bauraum dar. Die in der Konzeptphase definierten minimalen und maximalen VK-Innenvolumen für die Vorkammerentwicklung ergeben sich aus dem angestrebten Verhältnis von Vorkammer- zu Kompressionsvolumen $r_{VK/VC}$ sowie dem korrelierenden Kompressionsvolumen für ein Verdichtungsverhältnis von ε 15, wie Tabelle 3.4 zu entnehmen ist.

Tabelle 3.4: Abschätzung des Vorkammer-Innenvolumen für ε 15

Kompressionsvolumen [mm^3]	$r_{VK/VC}$ [-]	VK-Innenvolumen [mm^3]
35470	≈ 1.4	500
35470	≈ 2.1	750

Für die Anordnung von Zündkerze und Kraftstoffzuführung ist das kleinere VK-Innenvolumen kritischer als das Größere, da beides auf sehr beengtem Bauraum in der Vorkammer angeordnet werden muss. Die Position der

Zündkerze innerhalb der Vorkammer ist mit Fokus der Erzielung einer hohen Turbulenz und eines leicht unterstöchiometrischen bis stöchiometrischen Gemisches zum Zündzeitpunkt an der Elektrode zu wählen. Die Turbulenz sowie die Gemischaufbereitung in der Vorkammer ist von vielen Faktoren, wie VK-Innengeometrie, VK-Innenvolumen oder Anzahl, Durchmesser und Ausrichtung der Überströmbohrungen zum Hauptbrennraum abhängig (siehe Kapitel 2.1.5).

Die Zündkerze wird zur Minimierung des Bauraumbedarfs nicht wie üblich durch ein Gewinde auf der Stahleinfassung des Isolators in das Vorkammergehäuse eingeschraubt. Es wird lediglich der sonst eingefasste Isolator mit Mittenelektrode in der VK platziert und mit einer Mutter verspannt. Die Seitenelektrode wird senkrecht zur Mittenelektrode direkt in das Vorkammergehäuse platziert und verschweißt. Zur Kraftstoffzuführung bzw. Einblasung von Methan in die Vorkammer wird auf einen in Serie verwendeten, Piezo Benzin DI-Injektor mit nach außen öffnender Nadel zurückgegriffen, der ebenfalls mit 16 bar Einblasdruck betrieben wird. Die Auswahl dieses Piezo DI-Injektors ermöglicht eine sehr feine Dosierung der eingeblasenen Methan Menge und damit die Einblasung von minimalen Mengen je Zyklus. Zusätzlich wird die nach außen öffnende Nadelspitze des Injektors bei steigendem Druck in der Vorkammer während des Verbrennungsprozesses gegen den Nadelsitz gedrückt, wodurch ein selbstverstärkendes Dichtprinzip des Injektors erzielt wird. Die Entwicklung einer potentiell mechanisch anfälligen und ungenau zu dosierenden Methanzuführung durch eine Kapillare mit mechanischem Rückschlagventil wird somit umgangen. Zusätzlich soll zur Analyse der Verbrennung und Validierung der 3D-CFD Simulation mit einem piezoelektrischen Druckaufnehmer, hochaufgelöst der Druck in der Vorkammer gemessen werden. Abbildung 3.10 (links) zeigt die konzeptionelle Anordnung von Injektor und Isolator mit Mittenelektrode in der VK.

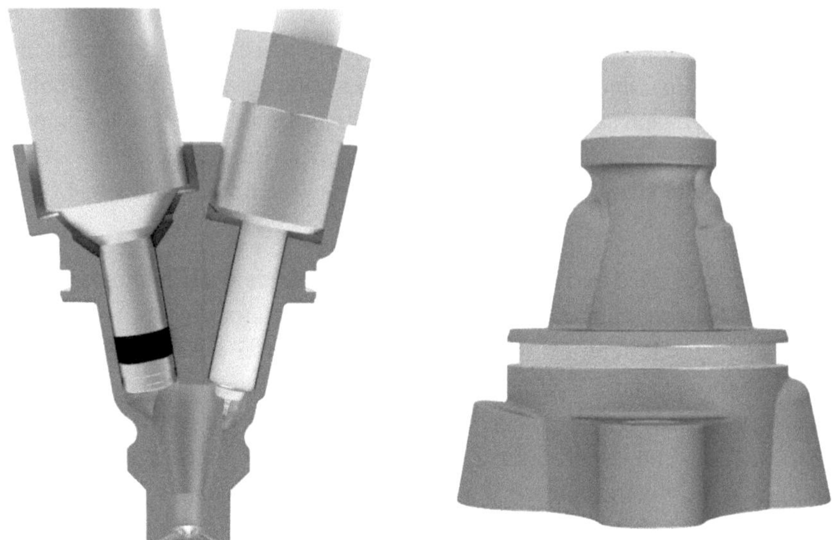

Abbildung 3.10: Aufbau der aktiven Vorkammerzündkerze mit Kraftstoffzuführung, Mittenelektrode (links) und Aufbaurichtung für additive Fertigung (rechts)

Die Möglichkeiten zur Anordnung von Isolator und Injektor sind durch den verfügbaren Bauraum und die Flanschfläche zum UniAir System des Dreizylinder-Methanmotors beschränkt. Im freigewordenen Bauraum der entfallenen Hakenzündkerze ist der Isolator mit Mittenelektrode platziert. Einbauwinkel und Position im Zylinderkopf müssen nahezu dem der Hakenzündkerze des Dreizylinder-Benzinmotors entsprechen, um eine Kollision mit dem Zündkerzenschacht zu vermeiden. Analog hierzu ist der Injektor in der VK im freien Bauraum des entfallenen Benzin DI-Injektors unter Berücksichtigung des bisherigen Injektorschachts des Dreizylinders positioniert.

Parallel zur Anordnung von Zündkerze und Injektor der Vorkammerzündkerze wird die Aufbaurichtung für die additive Fertigung des Vorkammergehäuses definiert. Die Winkel von Injektor und Zündkerze führen zu einem etwa konischen Seitenprofil des Vorkammergehäuses. Zusätzlich führen die Durchgangslöcher zur Befestigung der Vorkammer zu einer breiten Flanschgeometrie. Aufgrund dieser geometrischen Voraussetzungen wird das Vorkammergehäuse auf dem Kopf stehend, also von der Flanschfläche aus startend, wie in Abbildung 3.10 (rechts) zu sehen, additiv gefertigt.

3.4.2 Montage und Abdichtung

Eine Montage des Vorkammergehäuses durch ein zentrales Gewinde ist aufgrund des Spreizwinkels zwischen Injektor und Isolator mit resultierend breitem Vorkammergehäuse konstruktiv nicht realisierbar. Die Verschraubung der Vorkammerzündkerze erfolgt daher über zwei Stehbolzen, welche die Position und Einbauorientierung exakt nach definierter Ausrichtung im CAD ermöglichen. Die Zentrierung des Vorkammergehäuses im Zylinderkopf erfolgt über eine Spielpassung im zylindrischen Mittelteil. Durch die Beachtung der Einbaulage mit definiertem Einbauwinkel der Vorkammerzündkerze entspricht auch die Position der Überströmbohrungen in der Kappe exakt der konstruierten und simulierten Geometrie. Dies bedeutet, dass die im Rahmen der Brennverfahrensentwicklung konstruierten und simulierten Vorkammer-Varianten auch experimentell auf dem Motorenprüfstand in derselben Ausrichtung untersucht werden. Die Unschärfe in der Verknüpfung von Simulation und experimentellen Versuchsergebnissen wird so minimiert. Die Schnittdarstellung des montierten Vorkammergehäuses im Zylinderkopf ist in Abbildung 3.11 gezeigt. In der Schnittdarstellung ist ebenfalls der Zugang für den piezoelektrischen Druckaufnehmer AVL GH15D [3] mit M5 Gewinde in der VK sichtbar.

Das Vorkammergehäuse wird direkt in den Kühlwassermantel platziert und mit Kühlmittel umströmt, was eine bestmögliche Kühlung des Vorkammergehäuses im Bereich des Vorkammer Innenvolumens und des Injektors sicherstellt. Aufgrund des Entfalls der inneren Kühlung des Injektors durch flüssigen Kraftstoff bei Einblasung von Methan, ist eine zielgerichtete Kühlung des Injektors zur Vermeidung einer thermischen Überlastung erforderlich.

Die direkte Platzierung im Kühlmittelstrom erfordert eine Abdichtung des Vorkammergehäuses nicht nur gegen Verbrennungsgas aus dem Hauptbrennraum, sondern auch gegen Kühlmittel. Die obere Abdichtung des Kühlwassermantels erfolgt über einen radialen O-Ring im zylindrischen Teil des Vorkammergehäuses. Die Abdichtung im Bereich des Brennraums gegen Verbrennungsgas

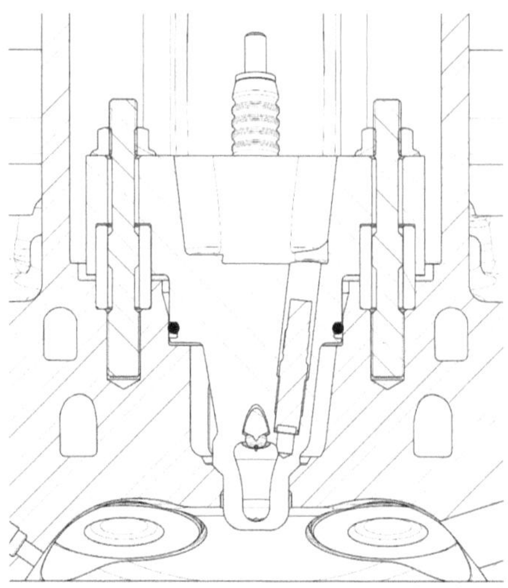

Abbildung 3.11: Verschraubung der Vorkammerzündkerze im Zylinderkopf [8]

sowie Kühlmittel soll auf kleinstmöglichem Bauraum erfolgen. Dies ist nötig um einerseits möglichst nahe am Brennraumdach das Vorkammergehäuse kühlen zu können und andererseits ausreichend radialen Bauraum für die VK-Innengeometrie zu sichern.

Die Auflage des Vorkammergehäuses im Zylinderkopf erfolgt nur im unteren Bereich. Zwischen dem Flansch mit Durchgangslöcher für die Stehbolzen des Vorkammergehäuses und dem Zylinderkopf befindet sich ein definierter Spalt. Somit ergibt sich ein Kraftfluss von den Stehbolzen über das Vorkammergehäuse in den Dichtsitz nahe des Brennraums zwischen VK und Zylinderkopf. Für die Abdichtung des Vorkammergehäuses gegen Kühlmittel und Verbrennungsgas werden zwei Konzepte mittels FEM Simulation betrachtet und bewertet. Die Konzepte sind in Abbildung 3.12 in einem technischen Schnitt gegenübergestellt.

Beide Schnitte zeigen das Vorkammergehäuse mit integriertem Injektor und Isolator mit Mittenelektrode im Kühlwassermantel. Durch den linken Zulauf wird das Kühlmittel eingeleitet, durch den rechten Kühlkanal nach Umströmen des Vorkammergehäuses wieder ausgeleitet. Die leicht abweichende Geometrie

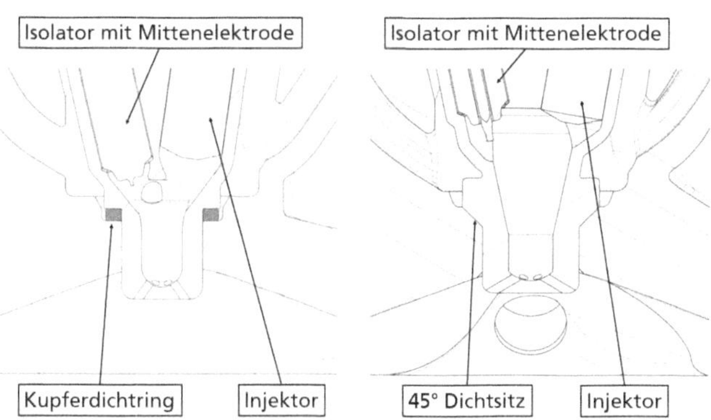

Abbildung 3.12: Konzept Abdichtung Vorkammer Kupferdichtring (links) und Dichtkonus (rechts) [60]

des Zylinderkopfes und der Mittenelektrode mit Injektor ist auf den jeweiligen Stand der Konstruktion zurückzuführen, hat jedoch für die konzeptionelle Betrachtung der Abdichtung keinen relevanten Einfluss. Im ersten Konzept (3.12 links) wird die gesamte Vorspannkraft der Stehbolzen über einen axial verpressten Kupferdichtring auf den Zylinderkopf übertragen. Das rechts dargestellte Dichtkonzept ist analog dazu aufgebaut, jedoch wird anstatt eines Kupferdichtrings das Vorkammergehäuse über einen 45° Dichtkonus gegen den Zylinderkopf gepresst. Dies führt zu einer resultierenden Flächenpressung zwischen Vorkammergehäuse und Zylinderkopf, welche die gewünschte Dichtwirkung erzielt. Beide Konzepte werden mit denselben mechanischen Belastungen, einer Normvorspannkraft für M6 Verschraubungen mit Festigkeitsklasse 8.8 von 9 kN je Stehbolzen, strukturmechanisch simuliert. Abbildung 3.13 zeigt die Ergebnisse der Struktursimulation, aufgeteilt in die resultierenden Druck- (oben) und Zugspannungen (unten).

Die Skalierung ist zur besseren visuellen Vergleichbarkeit für die auftretenden Druckspannungen bis 200 MPa und für die Zugspannungen bis 150 MPa gewählt. Die angestrebte Flächenpressung liegt bei min. 100 MPa umlaufend über den Dichtsitz, was eine statische Abdichtung gegen $\approx$ 1000 bar bei erwartetem Spitzendruck im Hauptbrennraum von max. 200 bar ermöglicht. Bei äquivalenter Schraubenlast liegt die max. auftretende Druckspannung in der Simulation für den Dichtkonus bei 550 MPa und für den Kupferdichtring etwa 20 % bei

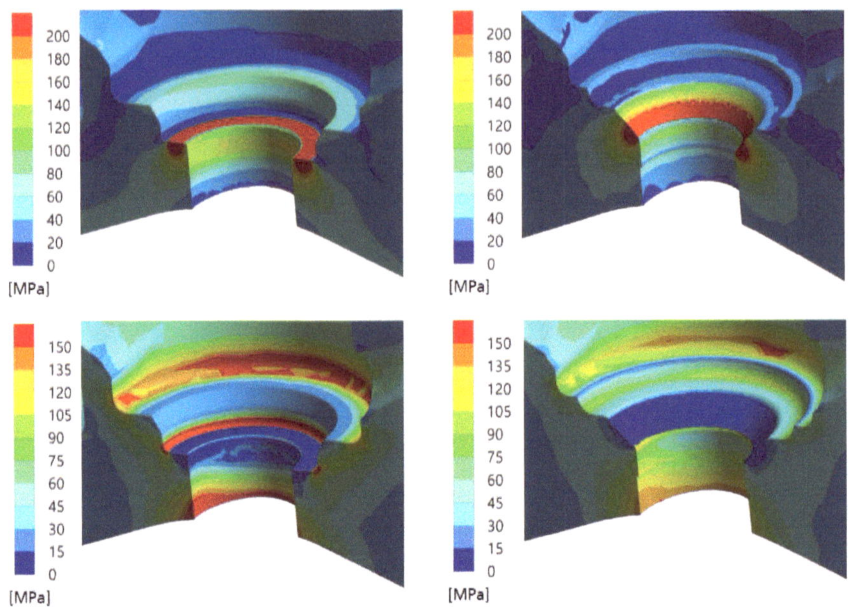

Abbildung 3.13: Vergleich Druckspannungen (oben) und Zugspannungen (unten)
für Abdichtung mit Kupferdichtring (links) und Konus (rechts)

max. 460 MPa. Bei beiden Konzepten wird die angestrebte Flächenpressung durch die Druckspannung weit überstiegen, was die Notwendigkeit der Reduktion der Vorspannkraft für die spätere Detailauslegung der Abdichtung zeigt. Für den qualitativen Vergleich zur Konzeptbewertung und -auswahl spielt der Absolutwert jedoch eine untergeordnete Rolle.

Die unten dargestellten Zugspannungen zeigen einen signifikanten Unterschied zwischen den beiden Konzepten. Mit einer max. Zugspannung von 175 MPa für die Abdichtung mit Konus und 410 MPa für die Abdichtung mit Kupferdichtring zeigt sich ein eklatanter Unterschied. Durch den Konus erfolgt eine Aufteilung der axialen Kraft der Vorkammer in einen resultierenden radialen und axialen Anteil. Zusätzlich entfällt durch den Konus der Radius um die Auflagefläche des Kupferrings herum, in der sich eine kritische Kerbspannung abzeichnet. Daraus resultieren somit gravierend geringere Zugspannungen gegenüber der Abdichtung mit Kupferring. Der radiale Bauraum um das Vorkammergehäuse nahe des Brennraumdachs ist begrenzt. Dieser reduziert sich weiter mit geringerem Abstand zum Brennraumdach, da der Mindestabstand zu den Einlassventilsitzringen von 4 mm vorgehalten werden muss. Dies führt zu dem Zielkonflikt zwischen einer effektiven Kühlung der Vorkammer und einer geringen mechanischen Belastung des Zylinderkopfs im Bereich der Abdichtung. Die effektive Kühlung des thermisch am höchsten belasteten Bereichs um das Innenvolumen der Vorkammer herum ist essenziell, um eine thermische Überlastung des Kühlwassermantels zu verhindern. Aus diesem Grund ist die Kühlung und somit auch Abdichtung des Kühlmittels so nahe am Brennraumdach wie möglich unter Einhaltung eines ausreichenden Querschnittes des Kühlwassermantels das Ziel. Dem entgegen steht die mechanische Belastung der thermisch hochbelasteten Aluminiumstruktur des Zylinderkopfs in diesem Bereich. Bei Platzierung der Dichtebene des Kupferrings näher am Brennraumdach wird der radiale Bauraum zu den Ventilsitzringen enger, was in einer Erhöhung der Kerbwirkung um die Dichtfläche herum und somit in einer Erhöhung der Zugspannungen im Zylinderkopf resultiert. Eine Reduktion des Durchmessers des Kupferrings führt zu einer Einschnürung des verfügbaren Bauraums für die Innengeometrie der Vorkammer und schränkt so die Gestaltungsfreiheit des Innenvolumens ein. Zusätzlich ist die Integration von innenliegenden Kühlstrukturen im Vorkammergehäuse, die das Innenvolumen der Vorkammer umschließen, bei Abdichtung mit Kupferring aufgrund der beschriebenen Bauraumbegrenzungen nicht möglich. Auf Basis dieser qualitativen Betrachtung der beiden Konzeptvarianten wird die Abdichtung des Vorkammergehäuses mit Konus ausgewählt.

4 Design-Optimierung und Auslegung Einzylinder

Basierend auf der Konzeptionierung der wichtigsten Komponenten wird der Einzylinder-Methanmotor im Detail konstruiert, thermomechanisch ausgelegt und die Geometrie optimiert. Die konstruktive und simulative Detailentwicklung wird für Kolben, Zylinderkopf und Vorkammerzündkerze aufgezeigt.

4.1 Kolben

Neben Zylinderkopf und Vorkammerzündkerze ist die Entwicklung der Kolbengeometrie für die thermodynamische Auslegung des Methan-Brennverfahrens relevant. Die geometrische Gestaltung der Kolbenkrone steht hierbei im Vordergrund. Für den Ein- und Dreizylinder-Methanmotor werden Aluminium Kolbenrohlinge, ursprünglich für Benzinbetrieb konzipiert, verwendet. Die Positionen der Kolbenringe und des Kolbenbolzens sind vorgegeben, die Kolbenkrone ist zylindrisch mit Aufmaß gestaltet und kann auf die gewünschte Geometrie gefräst werden.

Der Fokus der Kolbenkrone liegt auf einem möglichst hohen Wirkungsgrad und Leistungserhalt verglichen zum Referenz-Benzinmotor. Die finale Kolbengeometrie ist mit Ventiltaschen nach Vorgabe des Dreizylinder-Methanmotors mit 8.1 mm und 4.8 mm Abstand von Kolben zu Einlass- bzw. Auslassventilteller ausgeführt. Zwei verschiedene Ansätze von Kolbengeometrien werden dabei untersucht, mit Kolbenmulde und mit flacher Kolbenkrone, wie in Abbildung 4.1 dargestellt. Die grün hervorgehobenen Flächen werden mechanisch nachbearbeitet, die Schnittdarstellung ist senkrecht zur Kolbenbolzenachse.

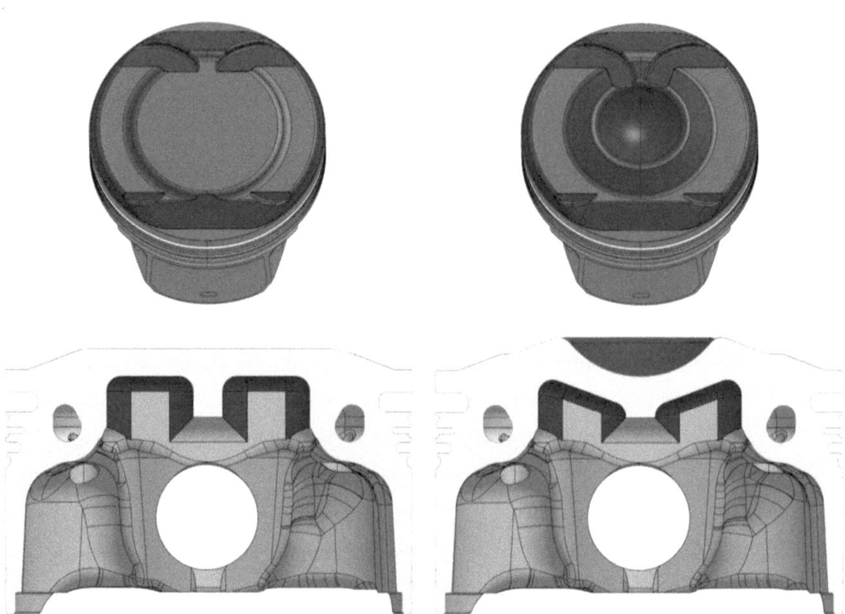

Abbildung 4.1: Vergleich der Kolbengeometrien, flacher Kolben (links) und mit
Mulde (rechts)

Der flache Kolben zielt auf eine minimale Störung der Tumbleströmung durch
Einlasskanal und Injektor mit Unterstützung der Gemisch-Homogenisierung
ab. Für die Entwicklung der VK-Innengeometrie ist eine möglichst geringe
Interaktion des Kolbens mit der Zylinderinnenströmung vorteilhaft, um Geo-
metrieeinflüsse differenziert betrachten und bewerten zu können. Für die Variante mit Kolbenmulde soll das Brennraumvolumen um die Vorkammer eher
sphärisch und kompakt gestaltet werden, um eine freie Ausbreitung der Fackelstrahlen zu ermöglichen. Aufgrund des fixierten, großen Ventilwinkels
ist ein Verdichtungsverhältnis $\varepsilon > 13$ mit Mulde nur durch einen Aufbau der
Kolbenkrone möglich. Das Verdichtungsverhältnis wird von $\varepsilon = 12.5$ des Benzinmotors im Entwicklungsprozess zunächst auf 14 und anschließend auf 15
für den Methanmotor angehoben. Für beide Verdichtungsverhältnisse werden
verschiedene Geometrieiterationen der Kolbenkronen gestaltet und simuliert.
Der Squish bzw. Quetschspalt zwischen Kolben und Brennraumdach im OT
beträgt 1 mm und soll zusätzliche Turbulenz nahe des ZOT erzeugen [59]. Die

Fertigung der neuen Kolben soll auf Basis eines vorhandenen Kolbenrohlings des Benzinmotors erfolgen. Die Grundauslegung dieses Kolbenrohlings ist auf eine niedrige Verdichtung von ≈ 10 konzipiert. Für den Methanmotor steigt die Kolbenhöhe durch die Anhebung des Verdichtungsverhältnisses stark an. Das Resultat sind hohe Feuerstege mit ansteigenden HC-Emissionen in den entstehenden Totgebieten zwischen Kolben und Zylinderlaufbuchse.

Die Untersuchungen mittels 3D-CFD Simulation zeigen Vorteile der flachen Kolbengeometrie gegenüber dem Muldenkolben in Bezug auf Homogenisierung und Wirkungsgrad. Durch den Aufbau der Krone mit Kolbenmulde erhöht sich das Oberflächen- zu Volumenverhältnis des Brennraums, was einen potentiellen Nachteil darstellt. Darüber hinaus ist eine Anpassung des Kolbenringspalts zur Reduktion des Feuerstegspalts und somit potentieller HC-Emissionen durch die Vorgabe des Rohlings nicht möglich. Dieser negative Effekt ist durch die Erhöhung der Kolbenkrone für die Kolbenmulde nochmal verstärkt. Darauf basierend wird der flache Kolben mit $\varepsilon = 15$ für den Methanmotor ausgewählt.

4.2 Zylinderkopf und Vorkammergehäuse

Im Folgenden werden einzelne Aspekte der Detailauslegung von Zylinderkopf und aktiver Vorkammerzündkerze näher betrachtet.

4.2.1 Ventiltrieb

Der Einzylinder-Methanmotor wird im Gegensatz zum Mehrzylinder mit einem rein mechanischen, starren Ventiltrieb mit Riemenantrieb gestaltet. Die hohe Flexibilität der variablen Ventilsteuerung durch das hydro-mechanische Verstellsystem wird durch Optimierung der Ventilprofile mittels 1D-Simulation ausgenutzt [60]. Es kann lediglich der Einlassventilhub variiert werden, der Auslassventilhub sowie die Phase von Einlass- zu Auslassventilhub sind starr. Die Variabilität des Einlassventilhubs ist in Abbildung 4.2 visualisiert.

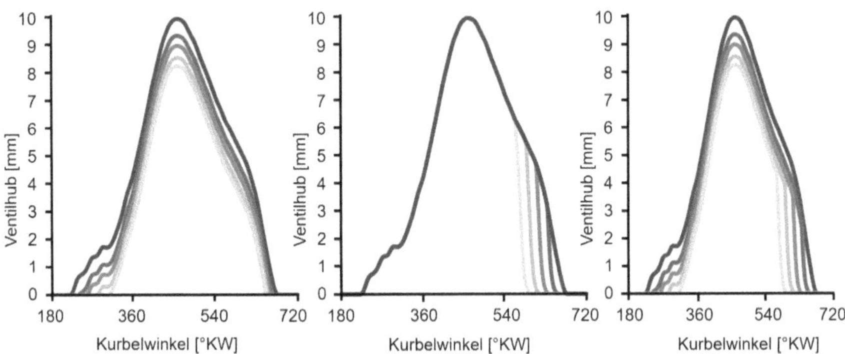

Abbildung 4.2: Profile und Kombinationen des Einlassventilhubs durch das Verstellsystem [59]

Die erste Option (links) besteht darin, den Öffnungszeitpunkt in Richtung spät
zu verschieben. Dabei ist zu beachten, dass eine Verschiebung des Öffnungs-
zeitpunkts immer zu einer Verringerung des maximalen Hubs führt. Die zweite
Möglichkeit (mittig) zeigt, wie die Hubkurve vorzeitig beendet und damit der
Schließzeitpunkt nach vorne verschiebbar ist. Beide Möglichkeiten können entsprechend kombiniert werden (rechts), was zusammen eine hohe Flexibilität in
der Gestaltungsfreiheit liefert. Exemplarisch ist die Festlegung einer Hubkurve
des Einlassventils in Abbildung 4.3 für BP2 dargestellt.

Die Ventilerhebung für das Auslassventil mit starrem Ventilhub und die definierte Ventilerhebung des variablen Einlassventils für BP2 sind dabei als volle
Linie über den Kurbelwinkel aufgetragen. Die blau gestrichelte Linie zeigt die
Grenzkurve des Einlassventils durch den Verstellmechanismus. Für BP2 stellt
das frühe Schließen des Einlassventils eine Entdrosselung des Motors auch bei
geringer Motorlast sicher. Gleichzeitig soll eine ausreichende Füllung für einen
überstöchiometrischen Betrieb unter Berücksichtigung der Bereitstellung von
Ladedruck durch den Abgasturbolader erzielt werden. Unter Berücksichtigung
der mechanischen Belastungen für den starren Ventiltrieb des Einzylinder-
motors und den herstellbaren, minimalen Schleifradien der Nockenkontur ist
das Ventilprofil gewählt. Für jeden der fünf Betriebspunkte wird unter diesen
Gesichtspunkten ein optimiertes Ventilprofil erstellt und je eine Nockenwelle
mit der entsprechenden Nockenform gefertigt. Somit können dieselben Ventil-

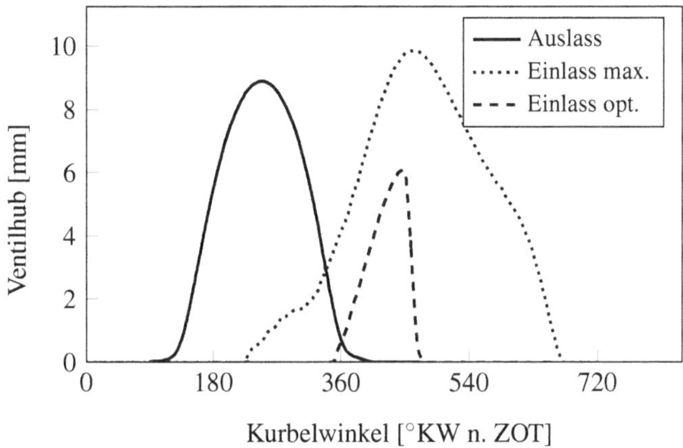

Abbildung 4.3: Gestaltungsfreiheit des Ventilprofil durch Ventilverstellung für BP2 [59]

steuerzeiten und Ventilprofile des Dreizylinders auch am Einzylinder für die einzelnen Betriebspunkte äquivalent abgebildet werden. Dies ermöglicht den thermodynamische Übertrag von Einzylinder zu Dreizylinder.

4.2.2 Einlasskanal und Injektor

Die Platzierung des DI-Injektors unterhalb des Einlasskanals wurde bereits in der Konzeptphase definiert. Die geometrische Gestaltung des Übertritts der Injektorbohrung in den Hauptbrennraum hat Einfluss auf die Zylinderinnenströmung sowie Gemischbildung und bietet daher Potenzial für eine Detailoptimierung im Entwicklungsprozess. Hierfür sind drei verschiedene Injektorübertritte gestaltet, welche in Abbildung 4.4 gezeigt sind.

Dargestellt sind die drei Varianten in einem zentralen Schnitt durch das Brennraumdach mit Ansicht auf Einlassventil, -sitzring, -kanal und Injektor mit Injektorübertritt. Der Bauraum zwischen Injektorspitze und Brennraumdach ist durch die Einlassventilsitzringe und den Kühlwassermantel radial eingeschränkt, wobei der Einlasskanal, zur Integration des Kühlwassermantels des Injektors, an der Unterseite bereits leicht eingeschnürt ist. Die erste Variante des Injektorübertritts ist düsenförmig gestaltet, wobei der Gestaltungsansatz auf eine maximale Querschnittsfläche direkt nach der Injektorspitze abzielt. Der Durchmesser des Übertritts muss zur Einhaltung der Mindestwandstärke zu den Einlassventilsitzringen nach der Querschnittserhöhung konisch reduziert werden. Variante zwei folgt einer zylindrischen Geometrie, was einer einfachen Verlängerung der Injektorbohrung entspricht. Mit Variante drei wird die Strömungsrichtung des eingeblasenen Methans durch die nach unten gebogene Geometrie geführt. Durch die direkte Führung des eingeblasenen Methans nach unten, parallel zur Zylinderwand, soll der Tumble und so die Gemischaufbereitung verbessert werden. Für alle drei Varianten ist die axiale Position des Injektors variiert worden, um ein Anlegen des ausströmenden Methans am Brennraumdach aufgrund des Coandă Effekts zu verhindern [43, 51].

Zur Analyse des Einflusses und der Bewertung der drei Varianten wird zunächst das resultierende Strömungsfeld und die Lambda Verteilung im Brennraum für BP4 bei 2000 1/min in der Volllast und stöchiometrischen Betrieb in Abbildung 4.5 betrachtet. Aufgrund des frühen Entwicklungsstadiums der Vorkammerzündkerze ist in den 3D-CFD Simulationen noch eine idealisierte Vorkammerzündkerze, welche auch für die Untersuchung der Injektor Position zum Einsatz kam (siehe Kapitel 3.3), implementiert. Der Kolben ist mit flacher Kolbenkrone ausgeführt, um die Beeinflussung auf die Untersuchungen der Injektorübertritte durch die Kolbengeometrie selbst so gering wie möglich zu halten.

Zunächst wird das simulierte Strömungsfeld im Brennraum zum Ende der Einblasung bei -170°KW n.ZOT im oberen Bereich der Grafik für die drei Varianten analysiert. Die düsenförmige Variante (links) unterstützt die Ausbildung der Tumbleströmung, wobei sich die Rotationsachse der Tumblewalze relativ mittig im Zylinder befindet. Die zylindrische (mittig), als auch die nach unten gebogene Variante (rechts) weisen eine geringere Tumbleströmung mit dezentraler Rotationsachse der Tumblewalze auf. Der nach unten gebogene Injektorübertritt zeigt den schwächsten Tumble. Die konzeptionelle Idee der Forcierung des Tumbles durch Ausrichten der Strömung eher parallel zur Zylinderwand ist somit nicht eingetroffen. Quantitativ sind die Unterschiede in der Ausbildung des Tumbles auch durch die Auswertung der Tumblezahl in Abbildung 4.6 verdeutlicht.

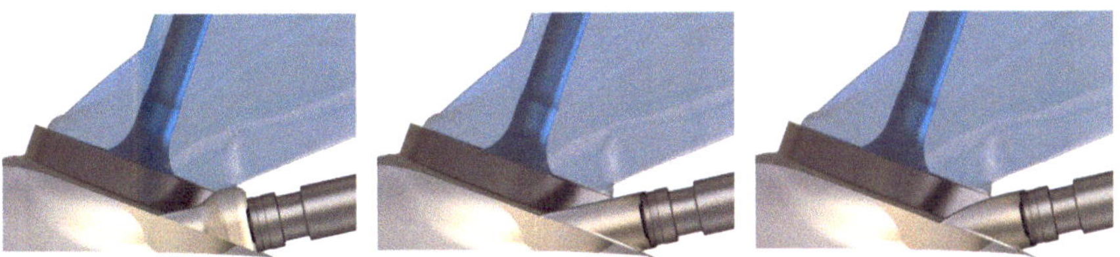

Abbildung 4.4: Vergleich des düsenförmigen (links), zylindrischen (mittig) und nach unten gebogenen (rechts) Injektorübertritts [59]

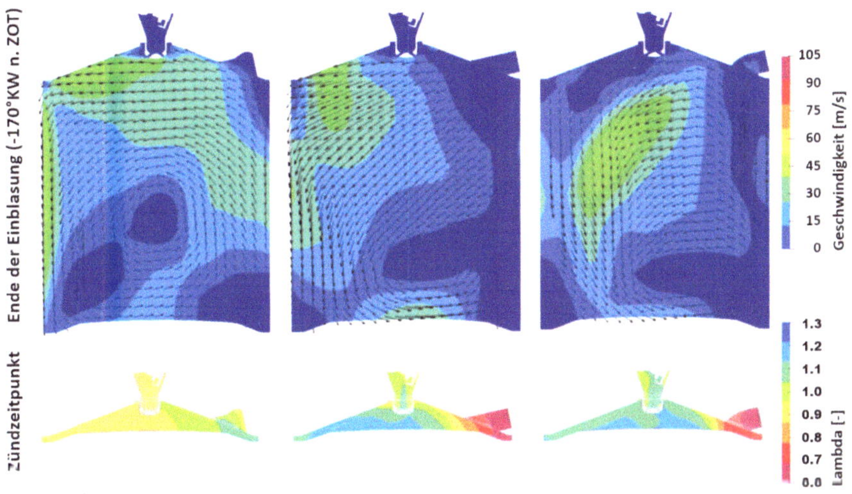

Abbildung 4.5: Strömungsfeld und Lambda Verteilung des düsenförmigen (links), zylindrischen (mittig) und nach unten gebogenen (rechts) Injektorübertritts in BP4 bei 2000 1/min, λ=1 und Volllast [59]

Als Referenz ist zusätzlich der Graph des Dreizylinder-Benzinmotors aufgeführt. Der Benzinmotor hat keine Restriktion des Einlasskanals durch eine seitliche Lage des DI-Injektors, da sich der Benzin DI-Injektor in nahezu zentraler Position befindet. Dies ergibt den zunächst höheren Tumble, der jedoch im weiteren Verlauf mit Einblasung des Methans für die düsenförmige Variante bis kurz vor ZOT übertroffen wird. Die Intensität der Tumbleströmung für die düsenförmige Variante zeigt direkt zu Beginn der Einblasung bei -285°KW n.ZOT

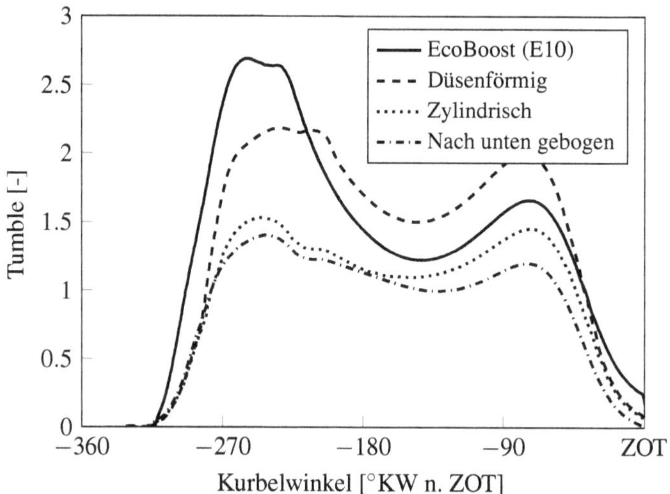

Abbildung 4.6: Tumble im Hauptbrennraum für verschiedene Injektorübertritte in BP4 bei 2000 1/min, λ=1 und Volllast [59]

einen deutlichen Anstieg mit einem $\approx 70\,\%$ höherem Maximum, im Vergleich zu der zylindrischen und nach unten gebogenen Variante. Die gesteigerte Intensität bleibt bis zum Zerfall der Tumbleströmung bei Annäherung an ZOT erhalten. Der erhöhte Tumble resultiert ebenfalls in einer etwas verbesserten Homogenisierung für die düsenförmige Variante, wie im unteren Bereich von Abbildung 4.5 zum Zündzeitpunkt dargestellt. Die zylindrische und die nach unten gebogene Variante zeigen eine gesteigerte Tendenz zur Ladungsschichtung sowie stark unterstöchiometrische Bereiche nahe des Injektorübertritts, was erhöhte HC-Rohemissionen zur Folge haben kann.

Die Lambda Verteilung über den Kurbelwinkel in Abbildung 4.7 umfasst ebenfalls den Dreizylinder-Benzinmotor und kann als Referenz des Lambdas im Hauptbrennraum an der Elektrode der Hakenzündkerze herangezogen werden. Die Lambda Verteilung zeigt eine deutlich verzögerte Spülung des Restgases aus der Vorkammer für die nach unten gebogene Variante. Dies ist auf die verminderte Interaktion der Vorkammer mit dem Hauptbrennraum und dem eingeblasenen Methan aufgrund der geringeren Ladungsbewegung sowie der nach unten gerichteten Führung des eingeblasenen Methans zurückzuführen

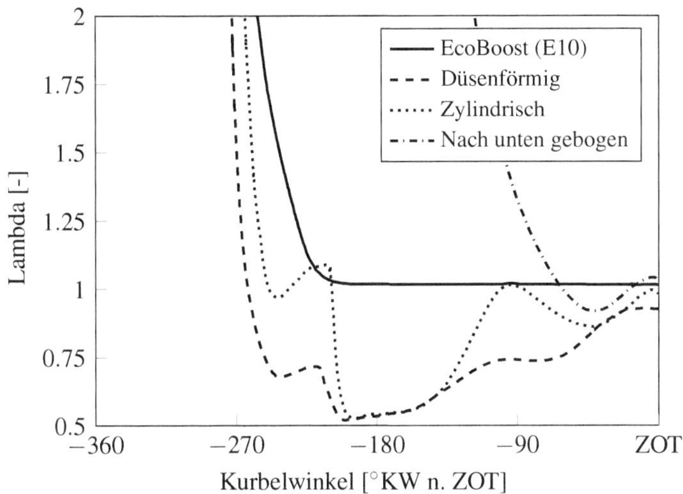

Abbildung 4.7: Lambda Verteilung in der Vorkammer für verschiedene Injektorübertritte in BP4 bei 2000 1/min, λ=1 und Volllast [59]

(siehe Strömungsfeld in Abbildung 4.5). Sowohl die zylindrische als auch die düsenförmige Variante weisen eine gute Restgasspülung mit frühem Beginn der Gemischbildung in der Vorkammer auf. Nahe des ZOT liegen in der zylindrischen und nach unten gebogenen Variante fast stöchiometrische Bedingungen vor, wobei die düsenförmige Variante eine Unterstöchiometrie bei $\lambda \approx 0.93$ aufweist. Abschließend sind in Tabelle 4.1 die relevanten Kenngrößen für den Vergleich der Injektorübertritte zusammengefasst.

Trotz der gezeigten Unterschiede in der Gemischbildung, Homogenisierung und Tumble Intensität der drei Konzepte sind sowohl Brenndauer, indizierter Mitteldruck als auch Wirkungsgrad nahezu identisch. Grund hierfür sind die unterschiedlichen Bedingungen in der Vorkammer. Die Schwerpunktlage ist aufgrund des erhöhten Klopfindex nicht schwerpunktoptimal. Der Klopfindex zeigt den prozentualen Massenanteil des unverbrannten Gemisches im Brennraum, für welches die Bedingungen (Temperatur, Druck, Lambda, etc.) zur Selbstzündung vorliegen [61]. Die zylindrische und die nach unten gebogene Variante weisen zum Zündzeitpunkt eine $\approx$ 20 % höhere Turbulenz in der VK und an der Elektrode auf. Eine schnellere Verbrennung in der VK ist die Folge und

Tabelle 4.1: Vergleich der verschiedenen Injektorübertritte in BP4 bei 2000 1/min, $\lambda=1$ und Volllast

	Düsen-förmig	Zylin-drisch	Nach unten gebogen
SOI [°KW n.ZOT]	-285	-285	-285
ZZP [°KW n.ZOT]	-4	-5	-5
indiz. Mitteldruck [bar]	23.6	23.6	23.6
indiz. Wirkungsgrad [%]	41.8	41.8	41.8
AI50 [°KW n.ZOT]	15	15	15
AI10-90 [°KW n.ZOT]	20	20	20
Klopfindex [%]	2.9	4.0	3.6
TKE in VK zum ZZP [m^2/s^2]	68	84	83
TKE an Elekt. zum ZZP [m^2/s^2]	108	133	133

kompensiert so die nachteilige Homogenisierung und Ladungsbewegung im Hauptbrennraum. Die Strömungsbedingungen in der Vorkammer können durch Variation der VK-Innengeometrie und der Überströmbohrungen in der Kappe zu einem späteren Zeitpunkt in der Entwicklungsphase noch stark beeinflusst und optimiert werden. Der Fokus in der frühen Phase des Entwicklungsprozesses liegt auf der Optimierung der thermodynamischen Bedingungen im Hauptbrennraum. Die höhere Tumble Intensität und bessere Homogenisierung im Zylinder führt daher zur Auswahl des düsenförmigen Injektorübertritts.

4.2.3 Aufbau Kühlsystem Zylinderkopf

Für die Neuentwicklung des Einzylinder-Methanmotors ist neben der thermodynamischen Auslegung des Brennverfahrens die Kühlung der thermisch hochbelasteten Bereiche essenziell. Das grundlegende Kühlkonzept der Quer-Umkehrströmung des Dreizylinder-Benzinmotors wird übernommen (siehe Kapitel 3.1.2). Die additive Fertigung des Zylinderkopfs im LPBF-Verfahren eröffnet hierbei enorme gestalterische Freiheiten, wie in Kapitel 2.2.2 detailliert beschrieben.

Die zentrale Positionierung der aktiven Vorkammerzündkerze und die seitliche Lage des DI-Injektors erfordern konstruktive Anpassungen am Kühlwassermantel des Zylinderkopfs. Dabei wird die Kühlung der Vorkammerzündkerze aus dem Kühlkreislauf des Zylinderkopfs extrahiert und mit einem eigenen Kühlwassermantel gekühlt. Die beiden so entstehenden, völlig voneinander separierten Kühlwassermäntel bieten die Freiheit, das Gehäuse der aktiven Vorkammerzündkerze getrennt vom Zylinderkopf zu konditionieren und so die Vorkammerzündkerze bis zu einem gewissen Grad thermisch vom Zylinderkopf zu entkoppeln. Eine für den Betriebspunkt angepasste Konditionierung des Vorkammergehäuses, wie beispielsweise die Vorheizung im Kaltstart, intensive Kühlung zur Reduktion von Verbrennungsphänomenen, wie Klopfen und Glühzündungen im Volllastbetrieb oder eine potentielle Beeinflussung von innermotorischen Rohemissionen werden darüber ermöglicht. Die Integration der beiden Kühlwassermäntel in den transparent dargestellten Zylinderkopf, zeigt die Draufsicht im oberen Teil von Abbildung 4.8.

Der in dunkelblau dargestellte Kühlwassermantel der Vorkammer hat einen separaten Kühlmittel Zulauf auf der Auslassseite des Zylinderkopfs. Von dort strömt das Kühlmittel oberhalb der Auslasskanalkühlung des hellblauen Kühlwassermantels des Zylinderkopf Rücklaufs weiter zum zentralen Vorkammergehäuse. Dieses wird so direkt gekühlt, bevor das Kühlmittel über den Rücklauf auf der Einlassseite des Zylinderkopfs wieder ausströmt. Der zentral im Zylinderkopf eingeschränkte Bauraum wird durch die Integration des zusätzlichen Kühlmittel Zu- und Rücklaufs der VK-Kühlung weiter eingeschränkt. Die Aufteilung in zwei Kühlwassermäntel stellt somit eine enorme konstruktive Herausforderung bezüglich des Bauraumbedarfs dar. Den entstehenden Zielkonflikt aus beengtem Bauraum und hohem Platzbedarf für die aktive Vorkammerzündkerze, bei gleichzeitiger Erzielung einer ausreichenden Kühlwirkung, gilt es dabei zu entschärfen. Die zulässige Mindestwandstärke des Aluminiums im Zylinderkopf zwischen den beiden Kühlwassermänteln ist hierbei auf knapp 3 mm herabgesetzt. Dies ermöglicht durch Aussparung der Außengeometrie des Vorkammergehäuses im Zylinderkopf einen 3 mm dicken Kühlwassermantel um das Vorkammergehäuse herum.

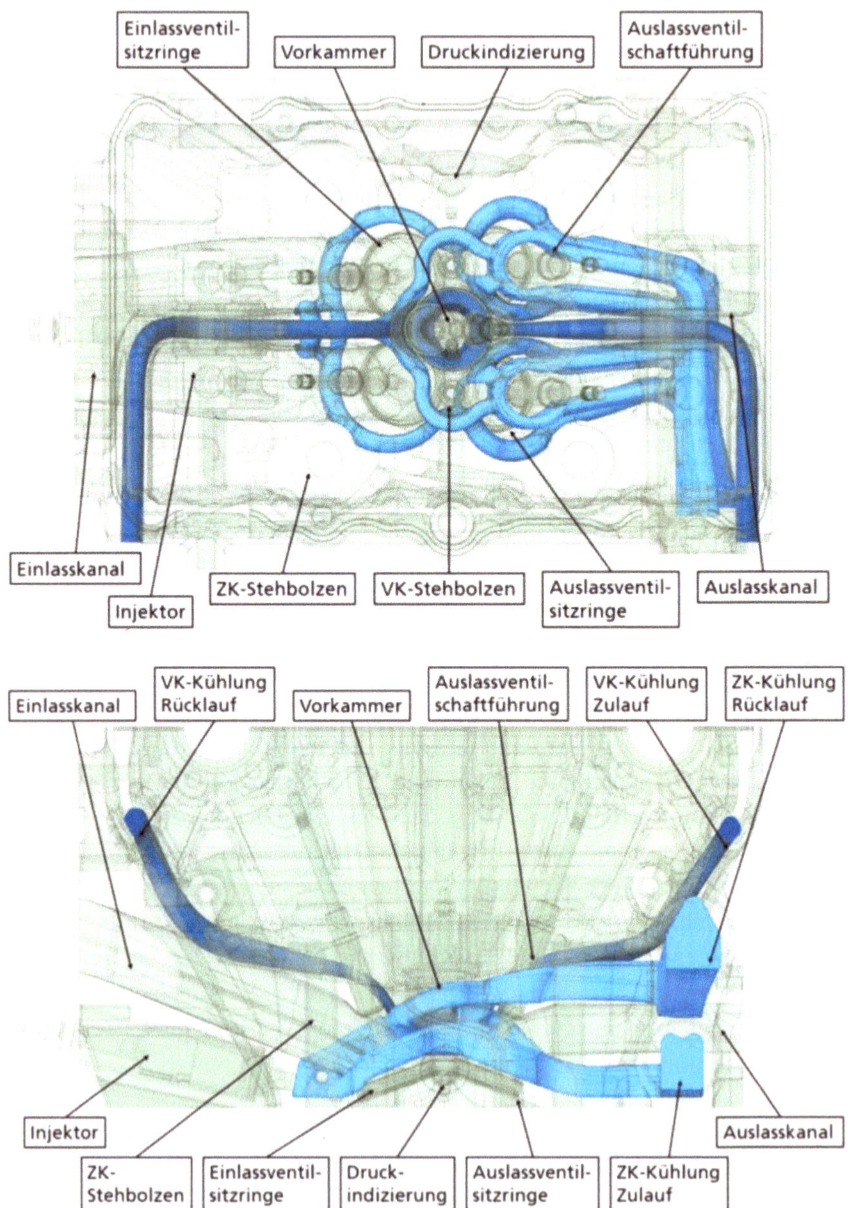

Abbildung 4.8: [Drauf- (oben) und Seitenansicht (unten) der Integration von
Vorkammer- und Zylinderkopf Wassermantel in den Zylinderkopf
[8]

Die Seitenansicht der beiden Kühlmäntel wird im unteren Teil von Abbildung 4.8 gezeigt, wobei der VK-Kühlmantel detailliert in Kapitel 4.2.5 behandelt wird.

Der hellblau dargestellte Kühlwassermantel des Zylinderkopfs ist ähnlich des Dreizylinder-Benzinmotors in zwei Ebenen aufgebaut. Das Kühlmittel strömt über den seitlichen Zulauf ein und wird unterhalb des Auslasskanals direkt in vier einzelne Kühlkanäle aufgeteilt. Die äußeren beiden Kühlkanäle strömen parallel zum Auslasskanal außen um die Auslassventilsitzringe herum. Anschließend sind die Kühlkanäle über das Brennraumdach weiter zur Einlassseite geführt und umströmen die Einlassventilsitzringe von außen sowie den Injektor. Von dort wird das Kühlmittel zwischen den Einlassventilsitzringen nach oben um den VK-Kühlmantel und VK-Stehbolzen herumgeführt und fließt in die obere Ebene des Kühlwassermantels. Die beiden inneren Kühlkanäle kühlen zunächst den inneren Bereich des Auslasskanals und umströmen die Auslassventilsitzringe auf der Innenseite. Das Kühlmittel wird anschließend nach oben geleitet und tritt in die obere Ebene des Kühlwassermantels ein. Dort verbinden sich je ein äußerer und innerer Kühlkanal miteinander, fließen erneut aufgeteilt in vier Kanäle radial um die Auslassventilführungen herum und über den Auslasskanal zurück.

Die Kanalgeometrie ist auf geringe Querschnittsprünge zur Reduktion von Druckverlusten sowie hohe Strömungsgeschwindigkeiten zur Vermeidung von lokalem Sieden in den thermisch hoch belasteten Bereichen, wie Auslassventilführungen und -sitzringen, gestaltet. Die definierte Aufbaurichtung des Zylinderkopfs mit Beginn von der Unterseite für die Herstellung im LPBF-Prozess, hat erheblichen Einfluss auf die Gestaltung des Kühlwassermantels. Der Kanalquerschnitt ist rechts in Abbildung 4.9 exemplarisch für die Kühlung des darüber liegenden Auslasskanals dargestellt. Alle Kühlkanäle sind entsprechend dem gezeigten Kühlkanal Querschnitt mit einem Dachwinkel von 25-30° sowie einem maximalen Dachradius von 4 mm zur Herstellung ohne Stützstrukturen im LPBF-Verfahren aufgebaut. Lediglich der Kühlmittel Zulauf ist durch die Begrenzung durch den darüber liegenden Auslasskanal mit zentralen Stützen ausgeführt, da andernfalls die benötige Querschnittsfläche nicht zu realisieren ist. Auf komplexe Strukturen mit Finnen und dünnwandigen Elementen zur Leitung der Strömung sowie Erhöhung der Wärme abführenden Flächen wird verzichtet. Diese komplexen Strukturen zur Maximierung der Kühlwirkung durch Ausnutzung der hohen Gestaltungsfreiheit der additiven Fertigung, wie in verschiedenen Beispielen bereits umgesetzt [30, 35, 76], schließt eine Herstellung außerhalb des LPBF-Verfahrens aus. Der ohne diese Strukturen gestaltete Kühlwassermantel des Einzylinder-Methanmotors ermöglicht ebenfalls eine Herstellung im Gussverfahren mit additiv gedruckten Sandkernen, was Relevanz in Bezug auf eine potentielle Serienanwendung hat. Die Stromlinien und Strömungsgeschwindigkeiten des Kühlwassermantels sind links in Abbildung 4.9 visualisiert.

Abbildung 4.9: Stromlinien Kühlwassermantel Zylinderkopf (links) [8] und exemplarischer Kühlkanal Querschnitt für additive Fertigung (rechts)

Der maximale Kühlmittelstrom bei Volllast je Zylinder von 50 l/min bei einem absoluten Systemdruck von 3 bar ist vom Dreizylinder-Benzinmotor übernommen. $\approx 71\ \%$ werden nur zur Kühlung der thermisch höher belasteten Auslassseite genutzt. Die inneren beiden Kühlkanäle der unteren Ebene werden zur thermisch kritischen Kühlung zwischen den Auslassventilsitzringen und dem Auslasskanal mit $\approx 58\ \%$ des gesamten Volumenstroms durchflossen. Lediglich $\approx 29\ \%$ des gesamten Kühlmittelstroms werden zur Kühlung der Einlassseite sowie des Injektors genutzt und fließen über die beiden äußeren Kühlkanäle der unteren Ebene. Die Begrenzung des maximal herstellbaren Dachradius ohne

Abstützung des Überhangs von 4 mm macht eine Aufteilung der Strömung über den Injektor erforderlich. So wird die benötigte Querschnittsfläche realisiert und eine Einschnürung der Strömung mit resultierendem Druckverlust vermieden. Der gesamte Kühlwassermantel des Zylinderkopfs weist eine mittlere Strömungsgeschwindigkeit von 2.26 m/s auf, was einer Anhebung von $\approx$ 37 % gegenüber dem Dreizylinder-Benzinmotor mit 1.65 m/s entspricht. Der Druckverlust des Einzylinders liegt dabei bei 217 mbar, der des Dreizylinder-Benzinmotors bei 330 mbar.

4.2.4 Vorkammerzündkerze

Für die Entwicklung der Vorkammer Geometrie wurde auf einen breiten, langjährigen Erfahrungsschatz der Projektpartner FKFS und Fraunhofer ICT zurückgegriffen. Speziell die Optimierung der Innengeometrie im Hinblick auf Turbulenz Generierung, Gemischaufbereitung und Restgasverträglichkeit ist Bestandteil mehrerer laufender und abgeschlossener Projekte, in denen Geometrie Varianten entwickelt und erprobt werden. Die Detailentwicklung der aktiven Vorkammerzündkerze für den Methanmotor läuft parallel zur Entwicklung des Zylinderkopfs ab, da beide Komponenten sowohl thermodynamisch als auch konstruktiv eng miteinander verknüpft sind. Innerhalb des zur Verfügung stehenden Bauraums ist die VK-Innengeometrie, basierend auf der konzeptionell definierten Position von Injektor und Isolator mit Mittenelektrode, zu gestalten (siehe Kapitel 3.4.1). Der Fokus der Entwicklung liegt dabei auf Gemischaufbereitung, Turbulenz an der Elektrode und Spülung der Vorkammer von Restgas durch iterative Optimierung mittels 3D-CFD Simulationen. Das Zusammenspiel aus Konstruktion und Simulation sowie die Methodik und Vorgehensweise der 3D-CFD Simulation ist in den bisherigen Veröffentlichungen [8, 59, 60] erläutert.

Zu Beginn der Detailoptimierung werden zwei unterschiedliche Anordnungen von Injektor und Mittenelektrode mit angepassten VK-Innengeometrien (VK01 und VK02) gestaltet und simuliert. Deren geometrische Spezifikationen sind in Tabelle 4.2 gelistet. Die Simulation wird hierbei im Betriebspunkt 2 durchgeführt, da die geringe Drehzahl und Last sowie die Überstöchiometrie bei $\lambda \approx 1.8$ sehr anspruchsvolle Bedingungen für die Funktionalität der Vorkammerzündkerze darstellen. Zusätzlich wird die Vorkammerzündkerze in BP2

Tabelle 4.2: Geometrische Spezifikationen der Vorkammer-Varianten VK01 und VK02

	VK01	VK02
VK-Innenvolumen [mm^3]	530	500
$r_{VK/VC}$ [-]	1.49	1.41
Anzahl Bohrungen [-]	6	6
Orientierung Bohrungen [-]	symmetrisch	symmetrisch
Winkel Bohrungen [°]	100	110
Durchmesser Bohrungen [mm]	1	1

aktiv mit Methan gespült, wodurch der Einfluss der Methan-Einblasung in die Vorkammer direkt mit untersucht werden kann. Abbildung 4.10 zeigt die konzeptionelle Anordnung von Injektor und Isolator mit Mittenelektrode von VK01 und VK02.

In Vorkammer V01 steht der Injektor direkt in der Vorkammer und erfordert eine Volumenvergrößerung der Vorkammer im oberen Bereich, da die Mindestwandstärke zwischen den Bohrungen für Injektor und Isolator gewahrt werden muss. Dies resultiert zum einen in einer Verschiebung der Mittenelektrode aus dem Zentrum bzw. der Mittelachse der VK-Innengeometrie. Zum anderen führt es zu einer axial gestreckten Vorkammer und im unteren, zylindrischen Bereich zu einer birnenförmigen Gestaltung, um das angestrebte VK-Innenvolumen zu realisieren. Eine weitere Reduktion des VK-Innenvolumens ist mit der Anordnung von Injektor und Mittenelektrode wie in VK01 nicht möglich. Das Ausrücken der Mittenelektrode aus dem Zentrum der Vorkammer führt zu einer strömungstechnischen Abschattung der Elektrode im äußeren Bereich der Vorkammer mit geringerer Strömungsgeschwindigkeit. Dieser Effekt der Abschattung zu der einströmenden Ladung aus dem Hauptbrennraum ist ebenfalls im Bereich der Injektorspitze zu erkennen. Dies führt zu einer schlechten Gemischaufbereitung mit hoher Ladungsschichtung und somit lokal stark überstöchiometrischen Bereichen in der Vorkammer.

Dem gegenüber steht VK02 mit axial zurück gezogenem Injektor, der lediglich über eine Kapillare mit 1.6 mm Durchmesser mit der VK-Innengeometrie verbunden ist. Diese Position ermöglicht ein Einrücken der Mittenelektrode

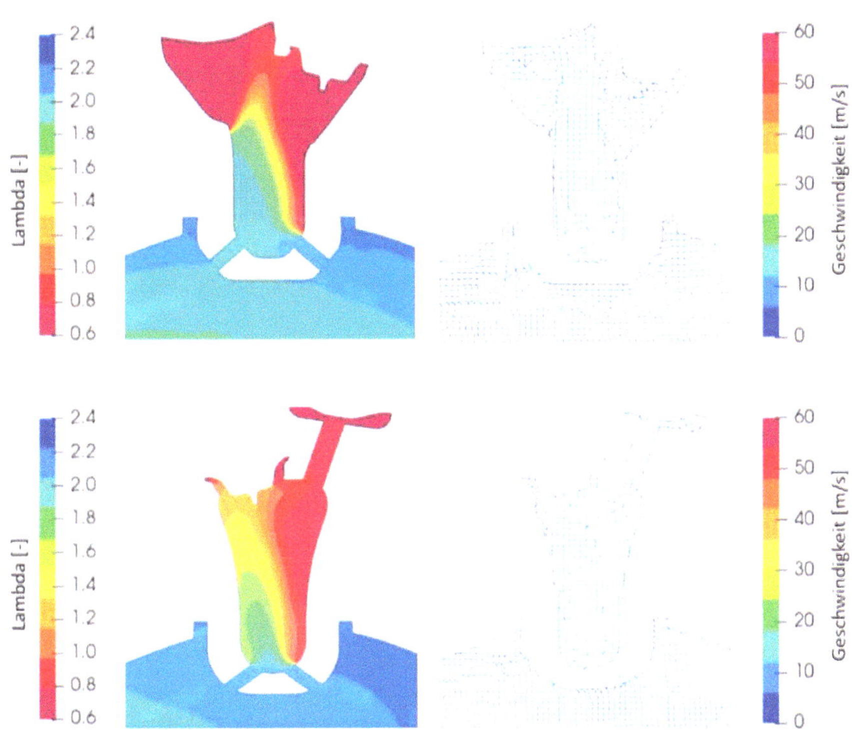

Abbildung 4.10: Vergleich der Lambdaverteilung (links) und des Strömungsfelds (rechts) von VK01 (oben) und VK02 (unten) zum ZZP in BP2 bei 1500 1/min, $\lambda=1.8$ und 4 bar p_{mi} [59]

Richtung Zentrum und somit ein sehr kompaktes VK-Innenvolumen mit hoher Gestaltungsfreiheit. Die Interaktion mit dem Hauptbrennraum im oberen Bereich der Vorkammer ist verbessert, was sich in einer deutlich höheren Strömungsgeschwindigkeit im Bereich der Elektrode und besseren Homogenisierung zeigt. Die zurückgezogene Position des Injektors, mit Verbindung von Injektor zu Vorkammer über die Kapillare, stellt sich als zielführend heraus. Zusammen mit der möglichst zentralen Lage der Mittenelektrode werden diese Anordnungen aus VK02 daher fixiert und als Basis für weitere Optimierungen der VK-Innengeometrie verwendet.

Zur Erhöhung der Ladungsbewegung in der Vorkammer, sowie der Turbulenzerhöhung an der Elektrode, werden unterschiedliche, asymmetrische Anordnungen der Überströmbohrungen untersucht. Das aktive Spülen der Vorkammer mit Methan in niedrigen Lastpunkten, reduziert den bei passiven Vorkammerzündsystemen häufig hohen Restgasanteil. Die Restgasspülung durch Einströmen von Ladung aus dem Hauptbrennraum ist somit hauptsächlich für höhere Lastpunkte im passiven Vorkammer Betrieb relevant. Die geometrischen Spezifikationen für die asymmetrischen VK-Varianten VK03-05 sind in Tabelle 4.3 gelistet.

Tabelle 4.3: Geometrische Spezifikationen der Vorkammer-Varianten VK03, VK04 und VK05

	VK03	VK04	VK05
VK-Innenvolumen [mm^3]	500	500	500
$r_{VK/VC}$ [-]	1.41	1.41	1.41
Anzahl Bohrungen [-]	6	6	6
Orientierung Bohrungen [-]	Auslassseite 0.5 mm hoch	Einlassseite 1 mm hoch	Einlassseite 0.5 mm hoch
Winkel Bohrungen [°]	55	55	50
Durchm. Bohrungen [mm]	1	1	1

Ziel der Asymmetrie ist das Induzieren einer Tumbleströmung in der Vorkammer. Diese wird ausgelöst durch die Interaktion der axial zu einander verschobenen Überströmbohrungen mit der im Uhrzeigersinn drehenden Tumbleströmung im Hauptbrennraum. Der axiale Versatz der drei Überströmbohrungen auf der Motor-Auslassseite, linke Seite in Abbildung 4.11, von VK03 bewirkt eine schwach ausgeprägte Tumbleströmung im Uhrzeigersinn. Die einströmende Ladung wird Richtung Elektrode geführt, dabei stellt sich eine Ladungsschichtung parallel zur Mittenelektrode mit gleichzeitig hoher Turbulenz an der Elektrode ein, wie in Abbildung 4.11 zu erkennen. Es entsteht ein unterstöchiometrisches Gemisch an der Elektrode und eine vertikale Ladungsschichtung, parallel zur Mittenelektrode. Diese Schichtung führt tendenziell zu unterschiedlich schneller Flammenausbreitung und somit zu einem ungleichmäßigen bzw. asymmetrischen Ausbrand der Vorkammer.

Abbildung 4.11: Lambdaverteilung (links) und Strömungsfeld (rechts) von VK03 zum ZZP in BP2 bei 1500 1/min, λ=1.8 und 4 bar p_{mi} [60]

Abbildung 4.12: Lambdaverteilung (links) und Strömungsfeld (rechts) von VK04 zum ZZP in BP2 bei 1500 1/min, λ=1.8 und 4 bar p_{mi} [60]

Die Asymmetrie durch axialen Versatz von drei Überströmbohrungen wird für VK04 auf der Einlass- anstatt der Auslassseite realisiert und in Abbildung 4.12 erneut die Lambdaverteilung sowie das Strömungsfeld in der Vorkammer betrachtet. Es ist zu erkennen, dass sich die einströmende Ladung jetzt an der rechten, anstatt wie zuvor in VK03, der linken Wand anlegt. Es prägt sich eine gewünschte Tumbleströmung gegen den Uhrzeigersinn, mit hoher Turbulenz an der Elektrode aus. Ebenso besteht weiterhin eine Ladungsschichtung, parallel zur VK-Mittelachse. An der Elektrode befindet sich nun ein stark unterstöchiometrisches Gemisch das mit der Ladungsschichtung in Richtung der Flammenausbreitung erneut einen ungleichmäßigen Ausbrand der Vorkammer zur Folge hat.

Abbildung 4.13: Lambdaverteilung (links) und Strömungsfeld (rechts) von VK05 zum ZZP in BP2 bei 1500 1/min, λ=1.8 und 4 bar p_{mi}

Der axiale Versatz der Überströmbohrung wird von 1 mm bei VK04 auf 0.5 mm bei VK05 reduziert, zusätzlich wurde aus Bauraumgründen die Seitenelektrode um 90° rotiert. Diese liegt jetzt in der Schnittebene. Das Bauraummodell des Injektors ist ebenfalls aktualisiert, hat jedoch keinen Einfluss auf die simulative Untersuchung. Bei Betrachtung von Lambdaverteilung und Strömungsfeld in Abbildung 4.13 zeigt sich eine ausgeprägtere Tumbleströmung mit hoher Turbulenz an der Elektrode. Darüber hinaus stellt sich eine vertikale Ladungsschichtung in Richtung der Flammenausbreitung ein, was den symmetrischen Ausbrand der Vorkammer begünstigt. Die Homogenisierung in der gesamten Vorkammer hat sich ebenfalls verbessert, während um die Elektrode herum ein Bereich mit nahezu stöchiometrischem Gemisch vorliegt. Bezogen auf Gemischaufbereitung, stabile Ausbildung der Tumbleströmung und hohe Turbulenz an der Elektrode weist VK05 Vorteile gegenüber den anderen VK-Varianten auf. Aus diesem Grund wird die Innengeometrie von VK05 für die Herstellung der Prototypen der aktiven Vorkammerzündkerze für den Einzylinder-Methanmotor ausgewählt. Die finale Geometrie der Kappe wird zur Reduktion der thermischen Massen noch etwas konisch gestaltet. Dies hat jedoch keinen nennenswerten Einfluss auf die Strömung.

Neben VK05 mit 500 mm³ Innenvolumen werden Vorkammern mit erhöhtem Innenvolumen entwickelt. Die geometrischen Spezifikationen der beiden Vorkammer Varianten mit größerem Innenvolumen sind in Tabelle 4.4 aufgelistet.

Tabelle 4.4: Geometrische Spezifikationen der Vorkammer-Varianten VK06 und VK07

	VK06	VK07
VK-Innenvolumen [mm³]	750	655
$r_{VK/VC}$ [-]	2.11	1.85
Anzahl Bohrungen [-]	6	5
Orientierung Bohrungen [-]	EV-seitig 0.5 mm nach oben	AV seitig 3 mm nach oben
Winkel Bohrungen EV [°]	50	65
Winkel Bohrungen AV [°]	50	40
Durchm. Bohrungen EV [mm]	1	1
Durchm. Bohrungen AV [mm]	1	1.2

VK06 hat eine nahezu identische Grundgeometrie, kann jedoch nur in ein Vorkammergehäuse ohne Ringkanalkühlung integriert werden. Die Ringkanalkühlung wird in Kapitel 4.2.5 im Detail betrachtet. Abbildung 4.14 zeigt die Lambdaverteilung (links) und das resultierende Strömungsfeld (rechts) der großen VK06 zum Zündzeitpunkt in BP2.

Die Position von Injektor, Elektrode und Druckaufnehmer sind identisch, da der Zylinderkopf mit Auslegung auf VK05 keinen Spielraum für eine alternative Platzierung erlaubt. Durch Entfall der Ringkanalkühlung kann der Bauraum im Vorkammergehäuse radial erweitert werden, wodurch die Volumensteigerung um 50 % erzielt wird. Ein vergleichbare Tumbleströmung, jedoch mit erhöhter Turbulenz verglichen mit VK05 wird dabei erzielt.

Abbildung 4.14: Lambdaverteilung (links) und Strömungsfeld (rechts) von VK06 zum ZZP in BP2 bei 1500 1/min, λ=1.8 und 4 bar p_{mi}

VK07 orientiert sich an der Geometrie von VK06 und unterscheidet sich nur im unteren Bereich der Vorkammer. VK07 verfolgt jedoch ein Konzept mit stark ausgeprägter Asymmetrie der Innengeometrie zur Verstärkung der Tumble Strömung. Dies wird im Vergleich der beiden Innenvolumen von VK06 und VK07 in der Gegenüberstellung in Abbildung 4.15 aufgezeigt.

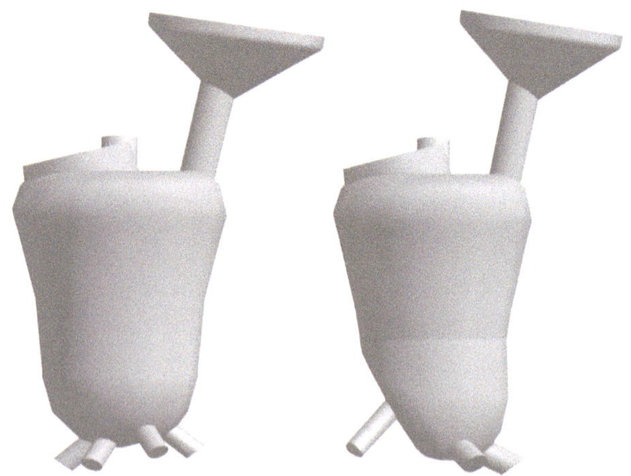

Abbildung 4.15: Geometrie Vergleich von VK06 zur stark asymmetrischen VK07

Bei VK07 sind nicht nur die Überströmbohrungen axial stark versetzt zueinander angeordnet, sondern auch der innere Teil der Kappe ist asymmetrisch gestaltet. Der innere Bereich der Kappe ist auf der Auslassseite (in Abbildung 4.15 links) mit einer schrägen Fläche versehen. Die Überströmbohrungen auf der Einlassseite sind flacher und nahezu tangential zu dieser Fläche ausgerichtet, wodurch das einströmende Gemisch an der Wand geführt wird. Dies resultiert in einer stabilen Strömung entlang der Vorkammerwand im Uhrzeigersinn, wodurch die Intensität des Tumbles und damit die Turbulenz in der Vorkammer verstärkt werden. Zusätzlich sind die Überströmbohrungen der Auslassseite deutlich steiler und axial stark nach oben versetzt positioniert. Auch dies begünstigt den Tumble in der Vorkammer, da eine Strömung entgegen der ausgeprägten Tumblewalze durch die einlassseitigen Überströmbohrungen minimiert wird. Die Stabilisierung der Strömung mit erhöhtem Turbulenzniveau wird durch die Auswertung des Strömungsfeldes in Abbildung 4.16 verdeutlicht.

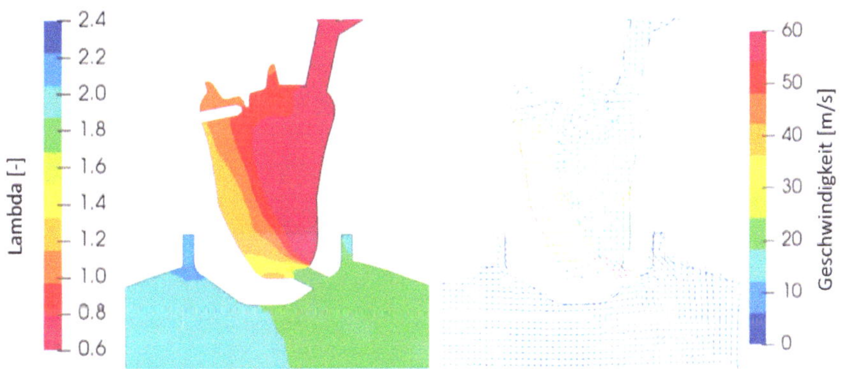

Abbildung 4.16: Lambdaverteilung (links) und Strömungsfeld (rechts) von VK07 zum ZZP in BP2 bei 1500 1/min, λ=1.8 und 4 bar p_{mi}

Das Strömungsfeld bestätigt die Annahme und zeigt einen sehr stabilen Tumble mit hoher Turbulenz an der Elektrode. Die Lambdaverteilung links daneben zeigt ebenfalls gute Zündbedingungen an der Elektrode zum ZZP mit einem lokal, leicht unterstöchiometrischem Gemisch, wobei die Ladungsschichtung vergleichbar zu VK06 ist.

Bei Verwendung von drei Überströmbohrungen auf der Auslassseite kommt es zu dünnen, scharfen Kanten im inneren Bereich der Kappe, in dem sich die auslaufenden Überströmbohrungen miteinander überschneiden. Um dies zu verhindern sind zwei statt drei Überströmbohrungen platziert, wobei der Durchmesser von 1 mm auf 1.2 mm angehoben ist. Für die mechanische Bearbeitung der Innengeometrie der Vorkammer ist die Zugänglichkeit und der Werkzeugfreigang im gedruckten Vorkammergehäuse zu berücksichtigen. Dies bedingt, dass sich die abgeschrägte Geometrie vollständig innerhalb der aufgeschweißten Kappe und nicht im Druckteil des Vorkammergehäuses befindet. Die Lage und Winkel der schrägen Fläche von VK07 ist durch diese Randbedingung mit der definierten Trennstelle zwischen Vorkammergehäuse und aufgeschweißter Kappe, zu sehen in Abbildung 4.18 (links) und 4.20 restriktiert. Neben VK05 werden auch VK06 und VK07 als Geometrie Variante für den Einzylinder-Methanmotor zur Erprobung auf dem Prüfstand hergestellt.

4.2.5 Aufbau Kühlsystem Vorkammer

Die Aufteilung des Kühlsystems von Zylinderkopf und Vorkammerzündkerze in zwei getrennte Kühlwassermäntel sowie die detaillierte Betrachtung des Kühlwassermantels des Zylinderkopfs wurden bereits in Kapitel 4.2.3 beleuchtet. Die Möglichkeit zur Entschärfung des thematisierten Zielkonflikts aus eingeschränktem Bauraum und Bauraumbedarf für die Integration des Kühlwassermantels wird nach Finalisierung der VK-Innengeometrie abschließend untersucht.

Die additive Fertigung ermöglicht die Modellierung der komplexen Außengeometrie des Vorkammergehäuses, mit Erzielung einer konstanten Wandstärke von 1.5 mm um Injektor, Mittenelektrode mit keramischem Isolator und Druckaufnehmer. Dies reduziert zum einen den Bauraumbedarf durch minimalen Materialeinsatz und fördert zum anderen die zielgerichtete und effektive Wärmeabfuhr durch den Kühlmittelstrom. Zusätzlich sind filigrane und zielgerichtete Kühlkanäle innerhalb des Vorkammergehäuses umsetzbar, welche durch klassische Fertigungsverfahren nicht herstellbar sind. Dies ermöglicht eine umlaufende Ringkanalkühlung, radial um die VK-Innengeometrie und somit um den thermisch am höchsten belasteten Bereich. In Abbildung 4.20 ist im Schnitt bereits die Integration des umlaufenden Ringkühlkanals dargestellt.

Das Kühlmittel strömt dabei oberhalb des 45° Dichtkonus, direkt unter dem Isolator in das Vorkammergehäuse ein und fließt links und rechts um die VK-Innengeometrie herum. Das Kühlwasser umströmt zusätzlich die Außengeometrie des Vorkammergehäuses und wird dabei durch vertikale Stützen bzw. Finnen des Vorkammergehäuses eingeschnürt, um möglichst viel Kühlmittel durch die Ringkanalkühlung strömen zu lassen. Eine ausreichende geometrische Steifigkeit und Reduktion der Deformation im Dichtungsbereich des Vorkammergehäuses wird durch je eine senkrechte, 1.5 mm breite Strebe im Ein- und Ausströmbereich des Kühlmittels erzielt. Der Ringkühlkanal wird somit symmetrisch geteilt und liegt außerhalb der Schnittebene durch Mittenelektrode und Injektor. Diese Schnittdarstellung (links) sowie die Stromlinien und Strömungsgeschwindigkeiten des Kühlwassermantels (rechts) von der Vorkammer mit 45° Dichtkonus sind in Abbildung 4.17 visualisiert. Die Randbedingungen der 3D-CFD Simulation liegen bei einem Kühlmittel Volumenstrom von 6 l/min mit einem absoluten Druck von 3 bar.

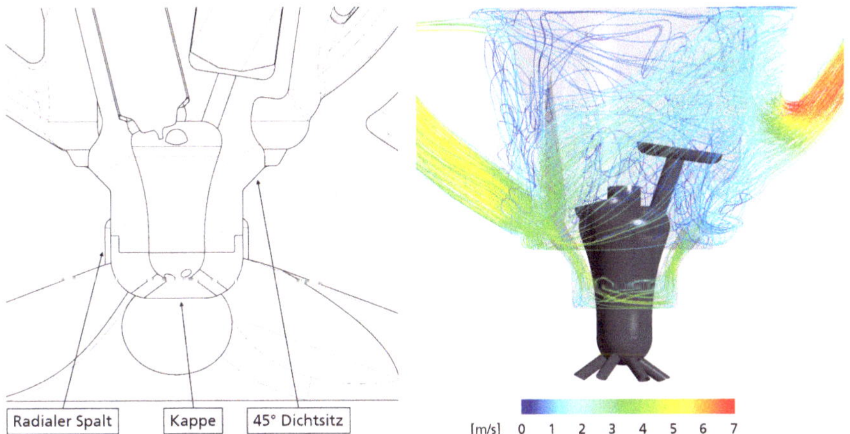

Abbildung 4.17: Schnittdarstellung (links) und Stromlinien (rechts) der Vorkammer mit 45° Dichtkonus [60]

Die Vorkammer mit 45° Dichtkonus weist eine Auflagefläche der Vorkammer im Zylinderkopf von ≈ 121 mm^2 auf, über die eine Wärmeabfuhr aus der Vorkammer in den Zylinderkopf erfolgt. Zusätzlich muss zur Vermeidung einer Doppelpassung des bereits über den oberen zylindrischen Teil mit O-Ring

Abdichtung zentrierten Vorkammergehäuses ein radialer Spalt zwischen dem zylindrischen Teil der Vorkammer und der Bohrung im Zylinderkopf vorgehalten werden. Dieser Bereich stellt eine potentielle Quelle für HC-Emissionen im Brennraum dar. Das Vorkammergehäuse wird oberhalb dieses Spalts, im unteren Bereich des Dichtkonus, auf eine Gesamtwandstärke von VK-Außengeometrie zu VK-Innengeometrie von 2.9 mm eingeschnürt. Dies resultiert in einer maximalen Breite von 0.9 mm des integrierten Kühlkanals, mit einer Querschnittsfläche von ≈ 2.8 mm^2. Die Mindestwandstärke des additiv gefertigten Kühlkanals beträgt dabei nur 1 mm zu den mechanisch nachbearbeiteten Flächen des Dichtkonus sowie der VK-Innengeometrie. Erste Simulationen der Kühlmittel- und Metalltemperaturen sowie der Strukturmechanik zeigen zum einen, dass die Wandstärke von 1 mm zu hohen Spitzenspannungen und Verformungen im Vorkammergehäuse führt. Zum anderen muss die Eintrittstemperatur des Kühlmittels in die Vorkammer auf 20 °C abgesenkt werden, um lokales Sieden innerhalb des Ringkanals in der stationären Volllast zu vermeiden [60]. Die Erhöhung des Kühlmittelquerschnitts mit gleichzeitiger Erhöhung der Mindestwandstärke ist nur durch eine Winkelreduktion des Dichtkonus realisierbar. Bei der Reduktion des Halbwinkels α muss, in Abhängigkeit des Reibkoeffizienten μ, der Grenzwinkel, ab dem eine Selbsthemmung von Vorkammer zu Zylinderkopf im Konus auftritt berechnet werden. Der Halbwinkel bis zum Eintritt von Selbsthemmung in der konischen Verbindung ergibt sich nach Gl. 4.1.

$$\alpha < 2 \cdot \arctan(\mu) \hspace{4cm} \text{Gl. 4.1}$$

Dies führt bei Einsetzen des konservativ geschätzten Reibungskoeffizienten μ von Stahl auf Aluminium von 0.3 auf einen minimalen Halbwinkel α von 16.7°, weshalb ein Winkel von 20° für die Konstruktion gewählt ist. Die Schnittdarstellung durch die Vorkammer mit 20° Halbwinkel des Dichtkonus (links) sowie die Stromlinien und Strömungsgeschwindigkeiten des Kühlwassermantels sind in Abbildung 4.18 gezeigt.

Die Reduktion des Halbwinkels des Dichtkonus führt zu einer vergrößerten Auflagefläche der Vorkammer im Zylinderkopf von ≈ 121 mm^2 auf ≈ 200 mm^2 und zu einer Annäherung der Dichtebene an das Brennraumdach. Dies trägt zum einen zur Verbesserung der Wärmeabfuhr von Vorkammergehäuse zu Zylinderkopf und zum anderen zur Erhöhung des radialen Bauraums des Vor-

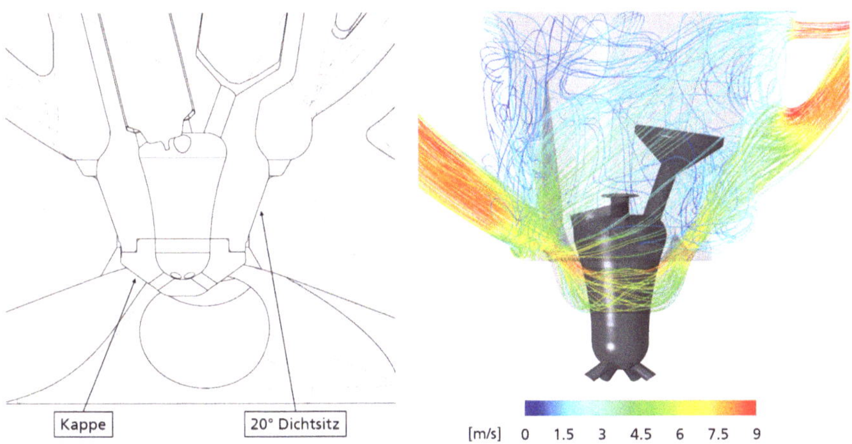

Abbildung 4.18: Schnittdarstellung (links) und Stromlinien (rechts) der Vorkammer mit 20° Dichtkonus [60]

kammergehäuses im Zylinderkopf bei. Dieser Bauraum steht für die Integration des Ringkühlkanals im Vorkammergehäuse zur Verfügung. Somit kann die Querschnittsfläche des Ringkühlkanals im Vorkammergehäuse um $\approx 70\,\%$, von $\approx 2.8\ \text{mm}^2$ bei 45° Konus auf $\approx 4.8\ \text{mm}^2$ bei 20° Konus vergrößert werden. Gleichzeitig wird die Mindestwandstärke zwischen Ringkühlkanal und Dichtkonus sowie VK-Innengeometrie von 1 mm auf 1.3 mm erhöht und so die Steifigkeit gesteigert. Die Temperatur des einströmenden Kühlmittels des Vorkammer Kühlwassermantels kann durch die Erhöhung der Querschnittsfläche der Ringkanalkühlung auf die Eintrittstemperatur der Zylinderkopfkühlung von 103 °C gesetzt werden, was in der CHT Simulation in Kapitel 4.3 detailliert betrachtet wird. Zusätzlich wird der benötigte, radiale Spalt für den Freigang des Vorkammergehäuses im Brennraumdach auf ein Minimum reduziert, wodurch die potentielle Quelle für HC-Emissionen vermieden wird. Die Masse der thermisch hoch belasteten und im Brennraum exponierten Nickel Kappe der Vorkammer wird um $\approx 30\,\%$ reduziert. Dies minimiert den Wärmestau durch die kleine Stoßfläche zwischen Kappe und Vorkammergehäuse zur Wärmeabfuhr und senkt so die Spitzentemperatur der Kappe.

Zur Bewertung des Einflusses der Ringkanalkühlung wird ein Vorkammergehäuse mit gleicher VK-Innengeometrie, jedoch ohne Ringkanalkühlung konstruiert und dessen Kühlwassermantel ebenfalls optimiert. Die Stromlinien und Geschwindigkeiten des Kühlwassermantels des Vorkammergehäuses ohne Ringkanalkühlung sind in Abbildung 4.19 dargestellt.

Abbildung 4.19: Stromlinien des Kühlwassermantels der Vorkammer ohne Ringkanalkühlung

Das Kühlwasser umströmt das Vorkammergehäuse oberhalb des Dichtkonus. Die eingeblendete VK-Innengeometrie wird nur im oberen Teil umströmt, der größte Teil des Volumens wird, im Gegensatz zur Kühlung mit Ringkanalkühlung, nicht umströmt. Die Außengeometrie des Vorkammergehäuses unterscheidet sich dabei neben dem Entfall der Ringkanalkühlung auch durch eine andere Geometrie der Finnen zum Leiten der Strömung des Kühlmittels. Ziel ist die Erreichung eines möglichst hohen Volumenstroms im thermisch hoch belasteten Bereich nahe der VK-Innengeometrie. Über eine radiale, leicht schräg verlaufende Finne zur Einschnürung des oberen Bereichs des Kühlwassermantels kombiniert mit der Massenträgheit des einströmenden Kühlmittels wird dieses Ziel erreicht. Den finalen Aufbau der aktiven Vorkammerzündkerze mit Ringkanalkühlung zeigt der Schnitt quer zur Kurbelwellen-Mittelachse durch den Zylinderkopf in Abbildung 4.20.

Neben Injektor und Mittenelektrode ist der M5 Druckaufnehmer in der Vorkammer sichtbar. Dieser ist analog zur Integration des Injektors über eine Kapillare vom Bohrungsgrund des Druckaufnehmers ausgehend mit dem VK-Innenvolumen verbunden. Im unteren linken Bereich ist der Druckaufnehmer des Hauptbrennraums zu erkennen. Zusätzlich ist ein Thermoelement in das

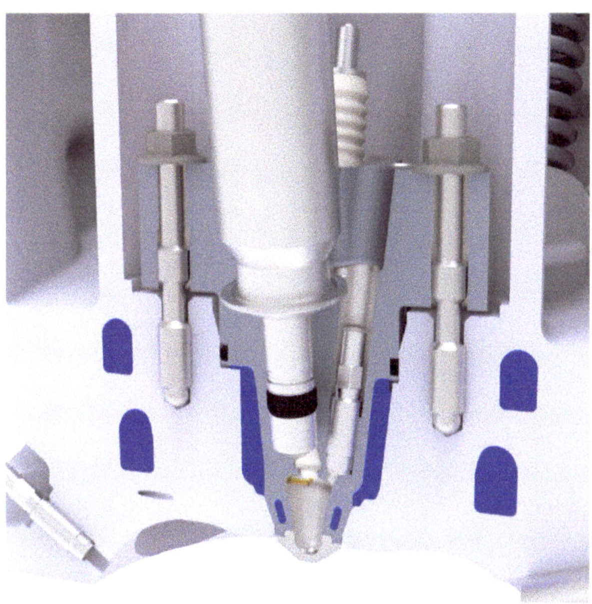

Abbildung 4.20: Finaler Aufbau der aktiven Vorkammerzündkerze mit Druckindizierung

Vorkammergehäuse integriert, um die Metalltemperatur und den Einfluss der Vorkammerkühlung zu detektieren. Abbildung 4.21 zeigt das additiv gefertigte Rohteil des Vorkammergehäuses und die mechanisch bearbeitete Vorkammerzündkerze mit aufgeschweißter Kappe.

Die Funktionsflächen für z.B. Dichtkonus, Injektor- und Mittenelektroden Bohrung sowie O-Ring Nut sind gut erkennbar mit einem Bearbeitungsaufmaß im Rohteil versehen. Das Rohteil ist gänzlich ohne Stützstrukturen gedruckt. Im oberen Bereich sind die beiden Kühlmittelauslässe der Ringkanalkühlung und seitlich die Finnen zur Ausrichtung der Kühlmittelströmung zu erkennen. Die Bearbeitung des Dichtkonus geht tangential in die unbearbeitete Außengeometrie des Vorkammergehäuses über und vermeidet so störende Kanten o.ä. im Kühlwassermantel.

Abbildung 4.21: Additiv gefertigtes Rohteil des Vorkammergehäuses (links) und
mechanisch bearbeitete Vorkammerzündkerze (rechts)

4.3 3D-CHT Simulation Einzylinder

Die detaillierte Untersuchung der Metall- und Kühlmitteltemperaturen mittels
3D-CHT Simulation ist ein wichtiger Entwicklungsschritt zur Geometrieabsi-
cherung des neuen Einzylinder-Methanmotors. Die Thermodynamik Simulation
der Gasströmung erfolgt zunächst mit geschätzen Wandtemperaturen, wird in
ANSYS Forté berechnet und so die benötigten Konvektionsrandbedingungen
für die Berechnung der Wandtemperaturen in ANSYS Fluent generiert. Die
Wärmeströme der Festkörper werden im Anschluss mit der 3D-CHT Simulation des Kühlwassermantels der Vorkammerzündkerze und des Zylinderkopfs
verknüpft und die Wandtemperaturen darauf basierend berechnet. Die sich
ergebenden Wandtemperaturen werden als Eingangsgröße zur erneuten Berechnung der Gasströmung verwendet. Dieser Prozess wird bis zum Erreichen
des Konvergenzkriteriums der Wärmebilanz im Zylinderkopf mit Vorkammergehäuse iterativ durchgeführt [8, 60]. Betrachtet wird hierfür der thermisch
kritischste Motorbetrieb im Nennleistungspunkt BP5 bei 5500 1/min, Volllast

und stöchiometrischem Gemisch. Die daraus resultierende Temperaturverteilung des Kühlwassermantels von Zylinderkopf und Vorkammergehäuse mit Ringkühlkanal zeigt Abbildung 4.22.

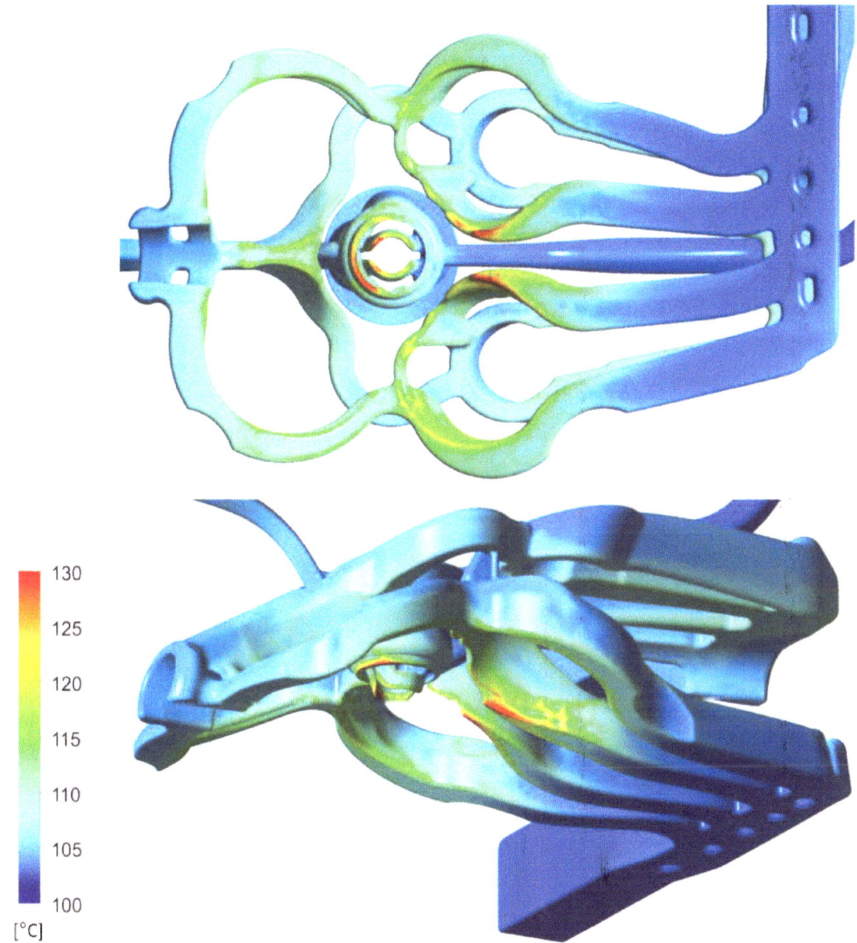

Abbildung 4.22: Temperaturverteilung im Kühlwassermantel von Zylinderkopf und Vorkammer mit Ringkühlkanal im Nennleistungspunkt BP5 [8]

Die 3D-CHT Simulation zeigt eine nahezu homogene und thermisch unkritische Temperaturverteilung der Kühlkanäle um den Auslasskanal sowie das

Brennraumdach. Der absolute Systemdruck innerhalb der Kühlwassermäntel liegt bei 3 bar (siehe Kapitel 4.2.3 und 4.2.5), wodurch die Siedetemperatur des Kühlmittels auf $\approx$ 133.5 °C angehoben wird. Die höchsten Temperaturen des Kühlwassermantels des Zylinderkopfs liegen knapp unter 130 °C in dem thermisch stark belasteten Bereich zwischen den Auslassventilsitzringen. Die Kühlung des Vorkammergehäuses oberhalb des Ringkühlkanals ist ebenfalls als thermisch unkritisch zu bewerten. Ähnliche Spitzentemperaturen knapp unter 130 °C liegen im Austritt des geteilten Ringkühlkanals vor. Somit sind die maximalen Temperaturen unterhalb der Siedetemperatur und es findet kein Bauteil gefährdendes lokales Sieden statt. Sowohl der Bereich der Ringkanalkühlung als auch der Bereich zwischen den Auslassventilsitzringen sind nach oben und in Strömungsrichtung ohne Totgebiete. Entstehende Dampfblasen aufgrund von lokalem Sieden könnten somit abgeführt werden, was eine zusätzliche Sicherheit für das Kühlsystem bedeutet.

In Abbildung 4.23 wird in der Schnittansicht, parallel zur Kurbelwellen-Mittelachse und durch den Sitz des Druckaufnehmers, die Metalltemperatur des Vorkammergehäuses sowohl mit als auch ohne Ringkanalkühlung unter gleichen Randbedingungen im Nennleistungspunkt BP5 verglichen.

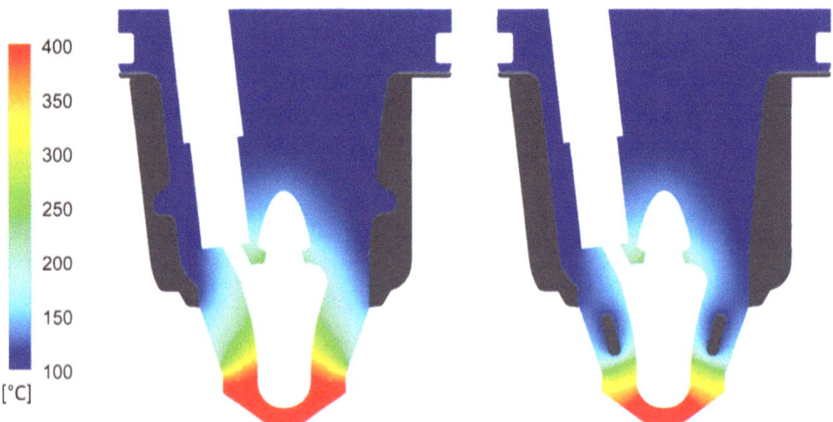

Abbildung 4.23: Metalltemperatur des Vorkammergehäuses und Kappe für Vorkammer ohne Innenkühlung (links) und mit Innenkühlung (rechts) im Nennleistungspunkt BP5

An der links gezeigten Außengeometrie des Vorkammergehäuses ohne Ringkanalkühlung ist die Finne zur Führung des grau gefärbten Kühlmittelstroms
erkennbar. Rechts daneben sieht man die Variante mit Ringkühlkanal. Die
aufgeschweißte Kappe aus Nickel weist die höchsten Temperaturen durch
die exponierte Lage im Brennraum und die Führung der Fackelstrahlen aus
der Vorkammer auf. Hinzu kommt eine geringe Kontaktfläche von Kappe zu
Vorkammergehäuse, welche für die Wärmeabfuhr von großer Bedeutung ist.
Der Wärmeeintrag in das Vorkammergehäuse durch die Verbrennung im VK-
Innenvolumen ist ebenfalls ersichtlich. Von der Spitze der Kappe ausgehend
herrscht ein starker Temperaturgradient mit nach obenhin abfallenden Temperaturen im Vorkammergehäuse. Ohne Ringkanalkühlung liegt die maximale
Temperatur in der Kappe bei 550 °C und das Vorkammergehäuse weist einen
homogeneren Temperaturverlauf um das VK-Innenvolumen mit einer mittleren
Wandtemperaturen oberhalb von 200 °C auf. Der Hauptanteil der Wärmeleitung
aus dem Vorkammergehäuse findet über den anliegenden Dichtkonus in den
Zylinderkopf und über das Kühlmittel oberhalb des Dichtkonus statt.

Bei Verwendung der Ringkanalkühlung stellt sich ein höherer Temperaturgradient von Kappe zu Vorkammergehäuse, mit einer Spitzentemperatur in der
Kappe von 495 °C ein. Die Ringkanalkühlung führt effektiv die Wärme im
mittleren Bereich der VK-Innengeometrie ab, wodurch sich der höhere Temperaturgradient einstellt. Die Integration der Ringkanalkühlung senkt ebenfalls die
Wandtemperaturen innerhalb des VK-Innenvolumens ab. Die Möglichkeit sowie
das Potenzial der Konditionierung der Wandtemperatur des VK-Innenvolumens
durch Variation der Kühlung wird dadurch aufgezeigt. Neben der Metalltemperatur des Vorkammergehäuses selbst, wird der Einfluss auf die Metalltemperatur
des Brennraumdachs in Abbildung 4.24 betrachtet.

Die mittlere Temperatur des Brennraumdachs ohne Ringkanalkühlung (links)
liegt bei 162 °C mit einer Spitzentemperatur von 211 °C im Stegbereich zwischen den Einlassventilsitzringen. Aufgrund des geringen Bauraums mit Platzierung des seitlichen Injektors unterhalb des Einlasskanals ist die Führung
des Kühlwassermantels nur oberhalb und nicht zwischen den Einlassventilsitzringen möglich. Das Resultat ist eine verminderte Wärmeableitung in diesem
Bereich. Zentral im Brennraumdach ist der Wärmeeintrag aus der Vorkammer über den Dichtkonus mit Metalltemperaturen um 200 °C erkennbar. Die
maximale auftretenden Temperaturen stellen keine kritische, thermische Be-

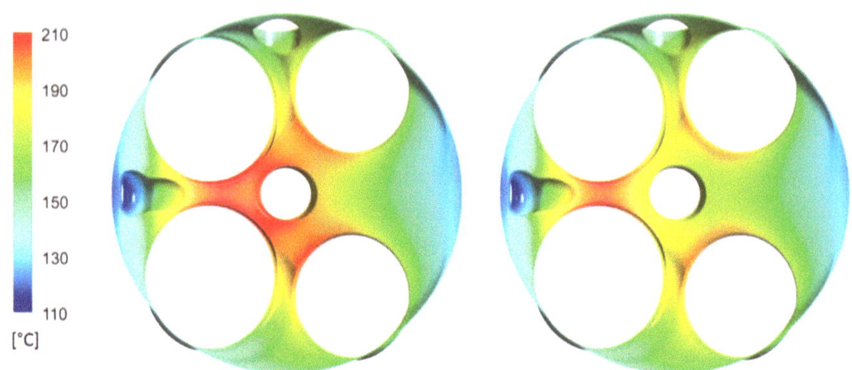

Abbildung 4.24: Metalltemperatur des Brennraumdachs für Vorkammer ohne Innenkühlung (links) und mit Innenkühlung (rechts) im Nennleistungspunkt BP5 [8]

lastung des Aluminium Zylinderkopfs über die Bauteil Lebensdauer dar. Die gesteigerte Wärmeabfuhr aus der Vorkammer in das Kühlmittel durch die Ringkanalkühlung reduziert den Wärmeintrag in den Zylinderkopf am Dichtkonus der Vorkammer. Die Metalltemperaturen des Brennraumdachs im zentralen Bereich um die Vorkammerzündkerze sinken um $\approx$ 20 °C ab. Die mittlere Temperatur wird um 1 °C auf 161 °C gesenkt, mit einer Spitzentemperatur zwischen den Einlassventilsitzringen von 208 °C. Die Berechnung der Metalltemperaturen liefert zum einen den Nachweis der Funktionalität sowie Effektivität des entwickelten Kühlsystems und der thermischen Absicherung von Zylinderkopf und Vorkammergehäuse. Trotz der Reduktion des verfügbaren Bauraums der Kühlung und Steigerung der thermischen Belastung durch die Implementierung der Vorkammerzündkerze, Anhebung der Verdichtung und des Betriebs mit Methan tritt keine thermische Überlastung der Bauteile auf. Zum anderen wird das Potenzial zur Absenkung der Spitzentemperaturen durch die additiv gefertigte Ringkanalkühlung, nicht nur für das Vorkammergehäuse sondern auch für den Zylinderkopf, aufgezeigt.

4.4 Struktursimulation Einzylinder

Die strukturmechanische Absicherung der prototypischen Hauptkomponenten ist der letzte Schritt im Entwicklungsprozess vor Fertigung und Validierung des Einzylinder-Methanmotors. Die Absicherung erfolgt im Rahmen einer FEM Struktursimulation in ANSYS Mechanical für den Verbund aus Zylinderkopf, -gehäuse, -laufbuchse, -Stehbolzen und Vorkammergehäuse. Die Simulation wird dabei in drei Belastungsschritte unterteilt und die definierten Lasten werden schrittweise auf die Geometrie aufgeprägt:

1. Schritt

   - Schraubenlast VK-Stehbolzen (3 kN) und ZK-Stehbolzen (50 kN)

   - Geometrisches Übermaß Ventilsitzringe und -führungen

   - Axialkraft Injektor, Druckaufnehmer und Klemmung Isolator

2. Schritt

   - Thermische Last durch Temperaturfeld aus 3D-CFD-Simulation

3. Schritt

   - Zylinderinnendruck (200 bar) und VK-Innendruck (150 bar)

Schritt 3 stellt mit der Überlagerung der thermischen und mechanischen Belastung mit maximalem Verbrennungsdruck den kritischsten Belastungsfall dar. Abbildung 4.25 (links) zeigt die Schnittansicht durch zwei ZK-Stehbolzen und im Detail (rechts) die Abdichtung des Zylinderkopfs gegen Verbrennungsgas.

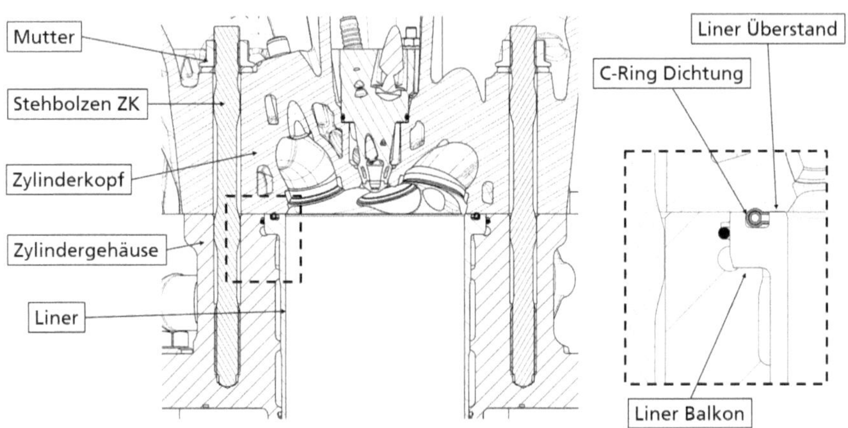

Abbildung 4.25: Schnittdarstellung durch Zylindergehäuse, Zylinderlaufbuchse und Zylinderkopf

Die nasse Zylinderlaufbuchse ist hängend auf dem Balkon im Zylindergehäuse aufgelegt und wird über einen eng tolerierten, geometrischen Überstand des inneren Rings von ≈ 0.1 mm verpresst. Der Zylinderkopf wird über vier M12 Stehbolzen mit dem Zylindergehäuse verspannt, wobei der Zylinderkopf um den Brennraum herum zunächst nur auf dem Überstand der Zylinderlaufbuchse aufliegt.

Die primäre Abdichtung erfolgt über Erzielung einer umlaufenden Flächenpressung von Zylinderkopf zu Zylinderlaufbuchse. Die sekundäre Abdichtung wird durch eine, unter Druckbeaufschlagung selbstverstärkende, C-Ring Dichtung in der Zylinderlaufbuchse realisiert. Zur Reduktion der Streuung der Montagevorspannkraft durch das Anzugsverfahren und den Reibwertkoeffizient werden die ZK-Stehbolzen über ein dreistufiges, Drehwinkel gesteuertes Anzugsverfahren und Schmierung der Kontaktflächen mit Kupferpaste montiert. Die auftretenden Vergleichsspannungen nach von Mises im Zylinderkopf für Belastungsfall 3 zeigt Abbildung 4.26.

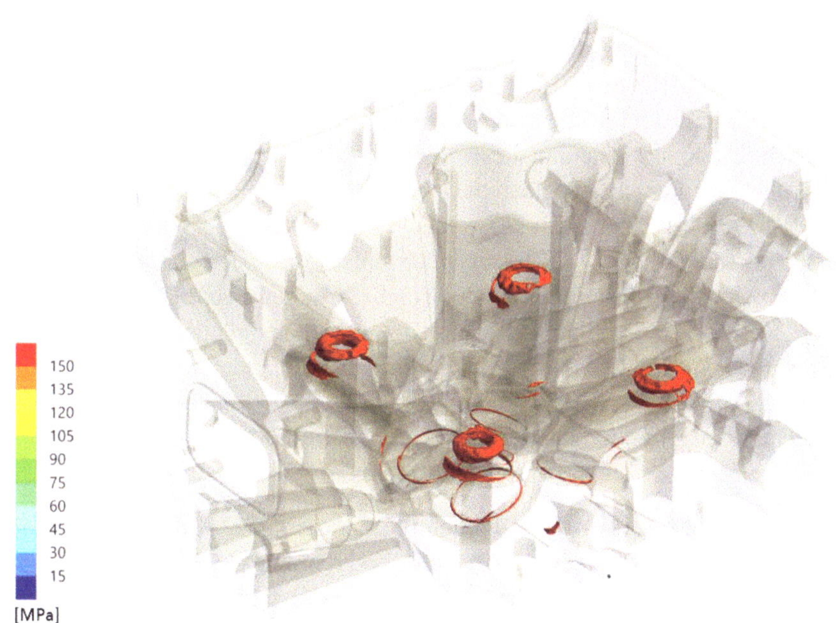

Abbildung 4.26: Übersicht von Mises Vergleichsspannung im Zylinderkopf für Belastungsfall 3

Im Zylinderkopf sind die Bereiche mit einer Vergleichsspannung oberhalb von 150 MPa farblich rot hervorgehoben. Die additive Fertigung erzeugt durch die hohen Abkühlraten Eigenspannung im Bauteil, welche vor Bearbeitung durch Spannungsarmglühen bei 300 °C mit einer Haltedauer von 2 Stunden gelöst werden. Die im Zugversuch ermittelte Dehngrenze $R_{p0.2}$ bei Raumtemperatur liegt bei ≈ 180 MPa, die Zugfestigkeit R_m bei ≈ 230 MPa. In den Auflageflächen der ZK-Muttern im Schraubendom liegt die maximale Flächenpressung in einzelnen Netzknoten bei ≈ 250 MPa. Die Spannungen sind trotz der hohen mechanischen Last der ZK-Stehbolzen kleiner als die zulässige Grenzflächenpressung unter dem Schraubenkopf von 275 MPa. Die Einlass- und Auslassventilsitze zeigen ebenfalls eine hohe, radial umlaufende Spannung die in der Draufsicht und dem Schnitt in Abbildung 4.27 dargestellt sind. Die maximal auftretende Vergleichsspannung von ≈ 200 MPa befindet sich in einem umlaufenden Ring von Einzelzellen im Bearbeitungsradius des Einlassventilsitzes. Für eine exakte Aussage zur Spannung müsste der 0.5 mm Radius mit min. 9 Zellen in axialer Richtung, eine Zelle alle 10° im Radius, extrem fein vernetzt werden. Aufgrund von Modellgröße und Rechenzeit ist diese feine Vernetzung nicht für alle Stellen möglich. Die Kerbwirkung in diesem Bereich wird durch die grobe Vernetzung zu hoch angenommen, was auch die extremen Spannungs-Gradienten von 60 - 80 MPa zwischen aneinander angrenzende Zellen zeigt. Die Schnittdarstellung (links) in Abbildung 4.27 verdeutlicht ebenfalls, dass es sich nur um einen Ring von Einzelzellen mit minimaler Eindringtiefe in das Bauteil hinein handelt. Diese Spannungsüberhöhung wird aus den genannten Gründen als Singularität in der FEM Simulation bewertet. Ein ähnliches Phänomen tritt im Bereich des Dichtkonus zwischen Vorkammergehäuse und Zylinderkopf auf. Für die Abdichtung in Abbildung 4.28 werden für alle drei Belastungsschritte die von Mises Vergleichsspannung und Flächenpressung betrachtet.

Zur Sicherstellung einer umlaufenden Flächenpressung > 100 MPa zur statischen Abdichtung gegen Kühlmittel und Verbrennungsdruck mit Sicherheitsfaktor 5 wird eine Winkeldifferenz von 0.1° im Halbwinkel des Dichtkonus definiert. Der Dichtkonus des Vorkammergehäuses besitzt durch die Fertigung mit 19.9° Halbwinkel einen minimalen geometrischen Überstand im unteren Bereich der Auflagefläche. Diese Durchdringung führt zu einem radial umlaufenden Ring mit einer Flächenpressung > 100 MPa, der für alle drei Belastungsschritte ausgeprägt ist. Die Abdichtung im Bereich des kleinst möglichen Durchmesser des Dichtkonus vermindert die mit Verbrennungsdruck beaufschlagte Fläche und reduziert die Gefahr des Aufklaffens der Verbindung. Die resultierenden Vergleichsspannungen im Zylinderkopf übersteigen 150 MPa in einer Zellreihe im Belastungsschritt 2, also ohne Anlegen des Verbrennungsdrucks in Vorkammer und Hauptbrennraum. Vergleichbar zu den zuvor beschriebenen Singularitäten im Ventilsitz sind auch hier die Spannungsgradienten der benachbarten Zellen dieser Zellreihe bei 60 - 70 MPa. Die Spannungsüberhöhung wird hier durch die geometrische Durchdringung von Vorkammer und Zylinderkopf ausgelöst und ebenfalls als Singularität in der FEM Simulation bewertet. Der Zylinderkopf ist somit strukturmechanisch für die Versuche am Prototypen abgesichert.

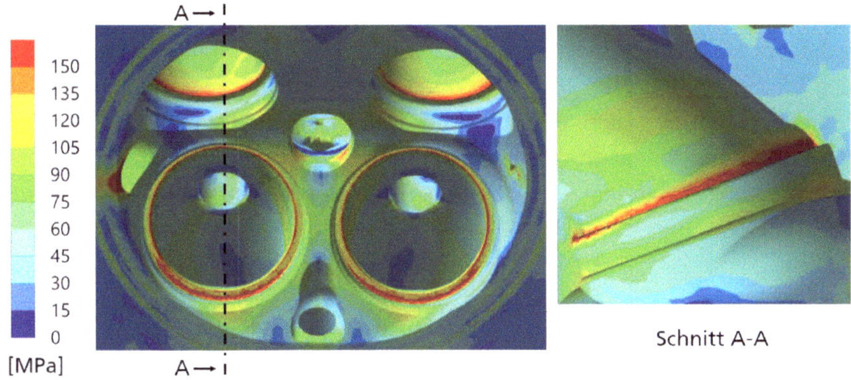

Abbildung 4.27: Von Mises Vergleichsspannung im Einlassventilsitz für Belastungs-fall 3

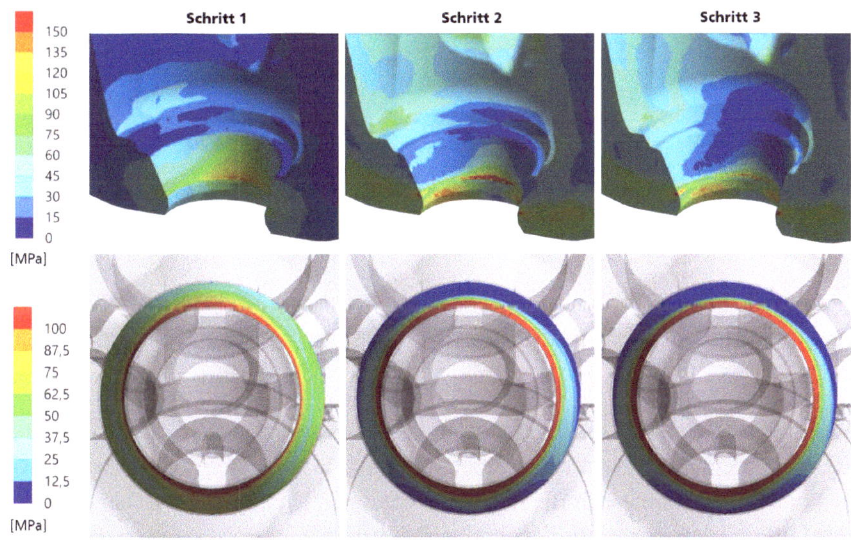

Abbildung 4.28: Flächenpressung zwischen Vorkammergehäuse und Zylinderkopf (unten) und von Mises Vergleichsspannung im Dichtkonus für alle drei Simulationsschritte

Zuletzt werden die Vergleichsspannungen des additiv gefertigten Vorkammergehäuses aus Chrom-Molybdän Vergütungsstahl (42CrMo4) untersucht. Für
den Einsatz bei erhöhten Temperaturen werden die Rohlinge bei 650 °C mit 2
Stunden Haltezeit spannungsarm geglüht. Die ermittelte Dehngrenze $R_{p0.2}$ bei
Raumtemperatur liegt anschließend bei $\approx$ 975 MPa, die Zugfestigkeit R_m bei
$\approx$ 1060 MPa. Abbildung 4.29 zeigt die Vergleichsspannungen in der Vorkammer für Belastungsschritt 3.

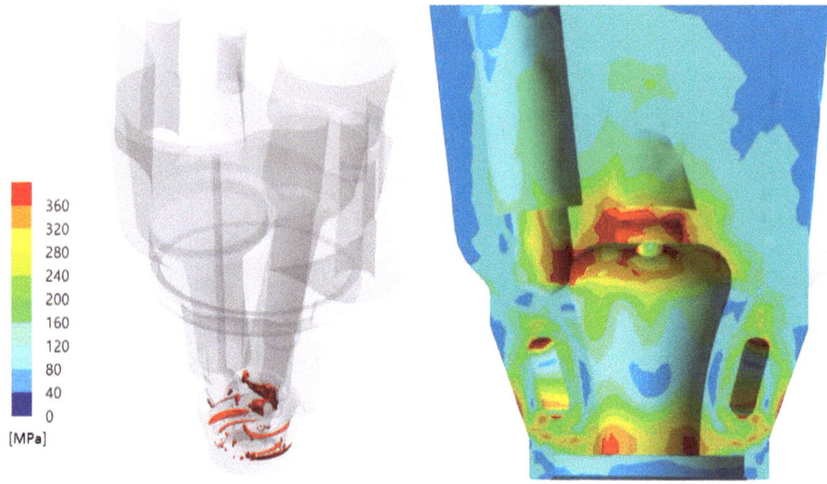

Abbildung 4.29: Übersicht Vergleichsspannung nach von Mises im Vorkammergehäuse für Belastungsfall 4

Spannungen oberhalb von 360 MPa sind rot visualisiert und treten in einzelnen
Bereichen um das VK-Innenvolumen auf. Die maximalen Vergleichsspannungen bis 550 MPa treten im Bereich des verpressten Dichtrings zwischen Isolator
mit Mittenelektrode und Vorkammergehäuse auf, wie zentral im rechten Schnitt
erkennbar. Weitere, hohe Spannungen entstehen zum einen durch die Flächenpressung im Dichtkonus überlagert mit dem VK-Innendruck und Verformung
durch die geringen Wandstärken. Außerdem induziert der hohe Temperaturgradient durch die Ringkanalkühlung thermische Spannungen bis 400 MPa im
Kühlkanal selbst. Durch die hohe Dehngrenze des Materials sind die auftreten-

den Spannungen trotz des hohen Temperaturgradienten mit hoher mechanischer
Belastung unkritisch. Die Geometrie der aktiven Vorkammerzündkerze ist somit strukturmechanisch abgesichert und die Prototypen werden entsprechend
gefertigt.

5 Validierung des Methanmotors

Der bisher nur virtuell entwickelte Einzylinder-Methanmotor wird im Folgenden auf dem Motorenprüfstand (MPST) validiert. Dabei liegt der Fokus auf
thermodynamischen Grunduntersuchungen des neuen Brennverfahrens sowie
der mechanischen Absicherung der Konstruktion.

5.1 Aufbau des Motorenprüfstands

Abbildung 5.1 zeigt den fertig montierten Einzylinder-Methanmotor vor Aufbau
auf dem MPST.

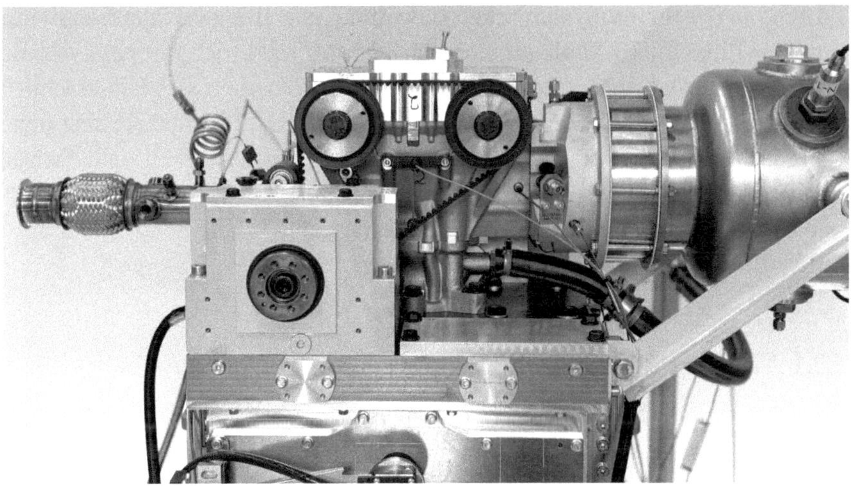

Abbildung 5.1: Aufbau des Einzylinder-Methanmotors

Die Installation auf dem MPST umfasst zusätzlich die Ansaug- und Abgasperi-
pherie. Deren Volumen und Geometrie sind bereits in den 3D-CFD Simulationen berücksichtigt worden. Die Frischluft wird dem Motor über eine externe

Ladeluftkonditionierung mit Kompressor zur Verfügung gestellt. Der Airbox-druck p_2 und die Ladelufttemperatur T_2 können in diesem Aufbau entkoppelt vom Abgasdruck p_3 gewählt werden. Die Öl- und Kühlwasserversorgung für Zylinderkopf mit Zylindergehäuse sowie für die separate Vorkammerkühlung erfolgen über externe Konditioniereinheiten und sind für jeden Betriebspunkt steuerbar. Zur grundlegenden, thermodynamischen Brennverfahrensentwicklung wird der Motor in stationären Betriebspunkten untersucht.

5.2 Grunduntersuchungen Brennverfahren

Zu Beginn der thermodynamischen Bewertung und Brennverfahrensentwicklung des Einzylinder-Methanmotors wird der Motorbetrieb mit passiver und aktiv gespülter VK untersucht. Der Motorbetrieb fokussiert sich hauptsächlich auf den BP3 bei 2000 1/min und 10 bar p_{mi}, da dieser Lastpunkt eine hohe Relevanz bezogen auf den Betrieb des Vollmotors hat. Zusätzlich stellt das verwendete Ventilprofil der Einlassnockenwelle einen guten Kompromiss für Teil- und Hochlast-Betrieb dar. In den Untersuchungen wird die Schwerpunktlage der Verbrennung auf 8 °KW n.ZOT festgelegt.

5.2.1 Variation Einblase Zeitpunkt Hauptbrennraum

Zunächst wird eine SOI-Variation der Methan-Einblasung in den Hauptbrennraum mit konstanter, eingeblasenen Kraftstoffmasse vorgenommen. Der hierfür gewählte Betriebspunkt basiert auf BP3 bei 2000 1/min und 10 bar p_{mi}. Durch Variation von ZZP und p_2 wird die konstante Schwerpunktlage bei 8 °KW n.ZOT und stöchiometrischem Gemisch realisiert. Abbildung 5.2 zeigt die HC-Emissionen, den Brennverzug, die Varianz-Koeffizienz p_{mi}, den erzielten Wirkungsgrad sowie den absoluten Ladedruck, aufgetragen über den Zeitpunkt der Einblasung auf der Abszisse.

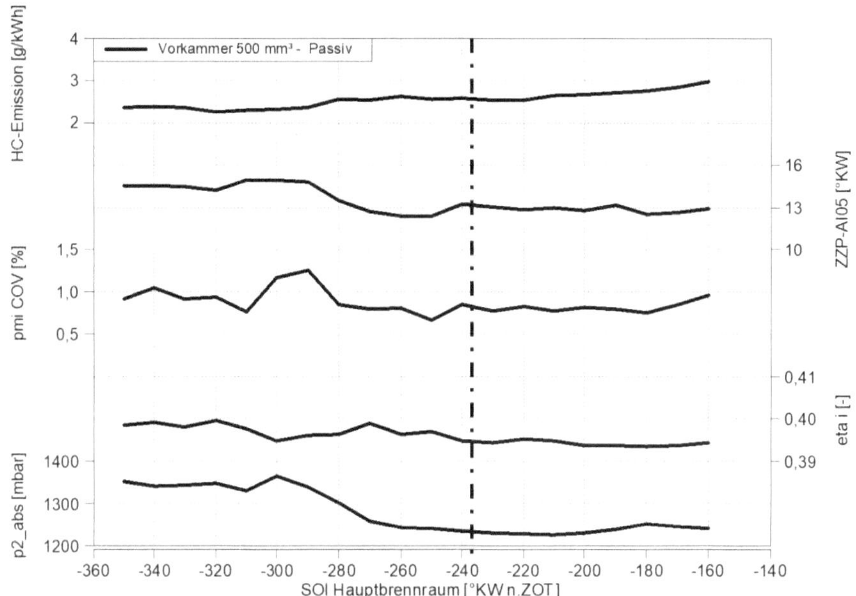

Abbildung 5.2: Variation des Einblasezeitpunkts in den Hauptbrennraum bei 2000 1/min, 10 bar p_{mi} und Lambda 1

Die Messungen zeigen ein leicht fallenden Wirkungsgrad von früher Einblasung, nahe des Ladungswechsel OT, zu später Einblasung nahe des UT. Bei Betrachtung des Wirkungsgrades gilt es den stationären Betrieb des Einzylinder-Methanmotors ohne Spülgefälle zwischen Airboxdruck und Abgasdruck zu beachten. Betriebspunkte mit steigendem Ladedruck sind hierdurch leicht bevorzugt, da durch das neutrale Spülgefälle der potentiell ansteigende Abgasgegendruck eines Vollmotors mit Abgasturbolader nicht abgebildet wird. Der erhöhte Ladedruck Bedarf bei frühem SOI ist auf die Verdrängung von einströmender Frischluft durch das eingeblasene Methan zurückzuführen. Bei späterem SOI reduziert sich der Ladedruck Bedarf leicht. Ein starker Abfall ist in der Schließphase des Einlassventils erkennbar, die vertikale Linie bei -235 °KW n.ZOT markiert hierbei den 1 mm Ventilhub des schließenden Ventils. Durch Einblasen des Methans, nachdem das Einlassventil geschlossen ist, findet keine Verdrängung der Frischluft mehr statt, wodurch sich der benötigte Ladedruck innerhalb der Messreihe um über 100 mbar gegenüber einer Einblasung nahe Ladungswechsel OT reduziert. Die HC-Rohemissionen steigen bei späterer SOI durch die sinkende Zeit für die Gemischbildung innerhalb der Messreihe um $\approx 25\ \%$ an. Bei Wahl des SOI stellt sich somit der Zielkonflikt zwischen erhöhter Zeit für die Gemischbildung bei frühem SOI gegen Reduktion des benötigten Ladedrucks bei spätem SOI. Durch Wahl eines späten SOI, weit nach Schließen des Einlassventils, lässt sich zudem die zu leistende Kompressionsarbeit durch die geringere Gesamtmasse im Zylinder während der Anfangsphase der Kompression reduzieren. Aufgrund des vergleichbaren Brennverzugs, der Verbrennungsstabilität gemessen an der $COV\ p_{mi}$ sowie des Wirkungsgrads, wird mit Fokus auf den späteren Dreizylinder mit Abgasturbolader und Abgasnachbehandlung der SOI für die folgenden Untersuchungen auf -240 °KW n.ZOT festgelegt. Dies stellt einen guten Kompromiss für den Zielkonflikt aus Ladedruck Bedarf und Zeit für die Homogenisierung dar.

5.2.2 Variation Einblasung Kraftstoffmasse in Vorkammer

Für den Betrieb der Vorkammer mit aktiver Methan-Einblasung wird zunächst die eingeblasene Kraftstoffmasse in die Vorkammer ermittelt. Hierfür wird der Motor ohne Einblasung von Methan in den Hauptbrennraum geschleppt. Die eingeblasene Kraftstoffmasse in die Vorkammer wird schrittweise angehoben und der Kraftstoffmassenstrom wird gemessen. Die Anhebung des Kraftstoffmassenstroms erfolgt über eine Anhebung der Bestromungsdauer des Injektors t_e in der Vorkammer. Abbildung 5.3 zeigt den Kraftstoffmassenstrom sowie die eingeblasene Kraftstoffmasse je Zyklus des Injektors, berechnet über die Drehzahl, in der Vorkammer bei Variation der Bestromungsdauer.

Die Messung startet erst bei 800 μs Bestromungsdauer. Zuvor wird die Kraftstoffmasse durch den hohen Anteil der Öffnungs- und Schließphase der Injektornadel, bei dem ein inkonstanter Durchfluss herrscht, zu stark beeinflusst, was eine exakte Messung der Kraftstoffmasse verhindert. Die Bestromungsdauer des Injektors korreliert in der gesamten Messreihe nahezu linear mit der eingeblasenen Kraftstoffmasse. Eine Abschätzung der eingeblasenen Kraftstoffmasse in die Vorkammer über t_e ist somit für die folgenden Untersuchungen zulässig.

Im Weiteren wird eine Sensitivitätsanalyse auf die eingeblasene Kraftstoffmasse in die Vorkammer vorgenommen. Der eigentlich stöchiometrisch betriebene

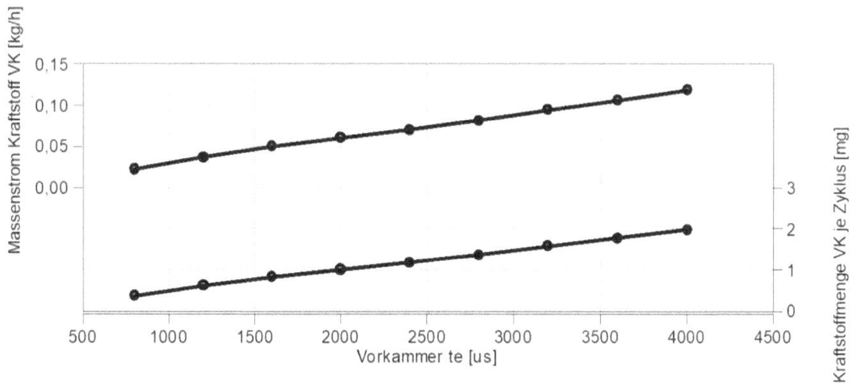

Abbildung 5.3: Bestimmung der Kraftstoffmasse bei Variation der Injektor Bestromungsdauer ohne Hauptbrennraum Einblasung am geschleppten Motor bei 2000 1/min

BP3 bei 2000 1/min und 10 bar p_{mi} wird nun im überstöchiometrischen Betrieb bei Lambda 1.4 untersucht. Bei Erhöhung der Kraftstoffmasse in der Vorkammer ist die Methan-Einblasung im Hauptbrennraum entsprechen reduziert, um das globale Lambda konstant zu halten. In Abbildung 5.4 sind Emissionen, verschiedene Verbrennungsparameter und der indizierte Wirkungsgrad über die Bestromungsdauer des Vorkammer Injektors aufgetragen. Für den gewählten Betriebspunkt entspricht 1000 μs Bestromungsdauer ≈ 2 % und 4000 μs ≈ 8 % der gesamten, je Zyklus eingeblasenen, Kraftstoffmasse aus Vorkammer und Hauptbrennraum.

Die Auswertung der HC-Emissionen zeigt einen nahezu linearen Anstieg bei Erhöhung der Kraftstoffmasse in der Vorkammer, die NOx-Emissionen zeigen lediglich einen erkennbaren Anstieg oberhalb von 2500 μs Einblasedauer. Der Wirkungsgrad weist eine leicht fallende Tendenz auf. Die *COV* p_{mi} verbessert sich zunächst bis zu einem lokalen Minimum im Bereich von 1100 bis 1300 μs, mit anschließender Erhöhung und lokalem Maximum nahe 1700 μs. Im weiteren Verlauf stellt sich ein Abfall bis 4000 μs mit anschließend steilem Anstieg ein. Die letzte, sprunghafte Entwicklung von 5000 zu 5500 μs ist auf eine zyklisch stark schwankende Verbrennung zurückzuführen, welche auch mit Erhöhung der HC und dem Abfall der NOx-Emissionen korreliert.

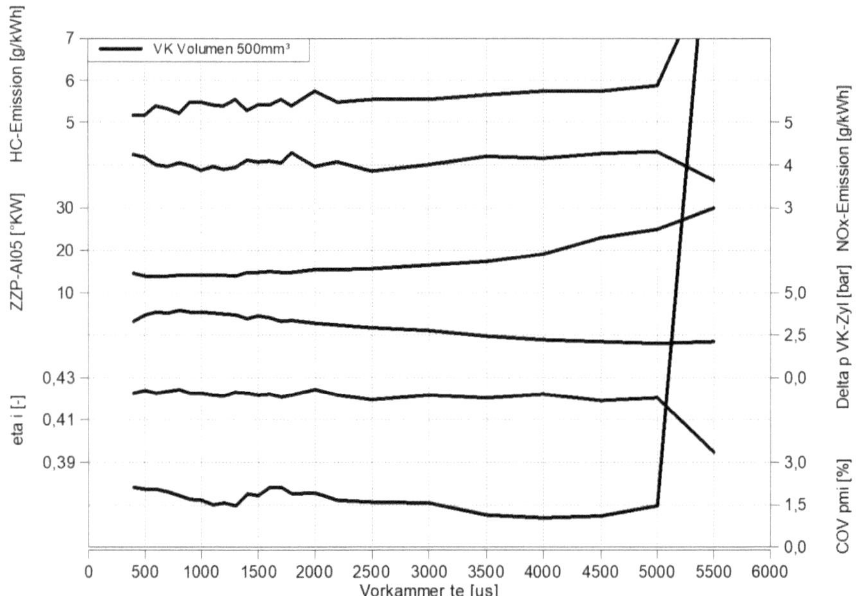

Abbildung 5.4: Variation der eingeblasenen Kraftstoffmasse in die Vorkammer bei 2000 1/min, 10 bar p_{mi}, Lambda 1.4 und SOI-VK -180 °KW n.ZOT

Bei reiner Bewertung der Verbrennungsstabilität anhand der *COV* p_{mi} wäre somit eine Bestromungsdauer von 4000 μs optimal. Dem gegenläufig weist der Brennverzug einen stetigen Anstieg mit einem horizontalen Plateau im Bereich von 400 bis 1300 μs auf. Aufgrund des ansteigenden Brennverzugs liegt die Vermutung einer zunehmenden Unterstöchiometrie mit sinkender laminarer Flammgeschwindigkeit und verlangsamtem Ausbrand der Vorkammer nahe. Ein weiteres, thermodynamisches Bewertungskriterium ist der Differenzdruck zwischen Vorkammer und Hauptbrennraum. Dies kann durch die zusätzliche Integration der Druckindizierung in der Vorkammer betrachtet werden. Die Auswertung der Druckdifferenz von Vorkammer zu Hauptbrennraum, gemittelt für 200 Zyklen, ist in Abbildung 5.5 über den Kurbelwinkel aufgetragen.

Bei Betrachtung des gemittelten Differenzdrucks zwischen Vorkammer und Zylinder sind zwei Phasen von besonderem Interesse, die Phase der Methan-Einblasung in die Vorkammer und die Phase des Ausbrandes. Der obere Graph

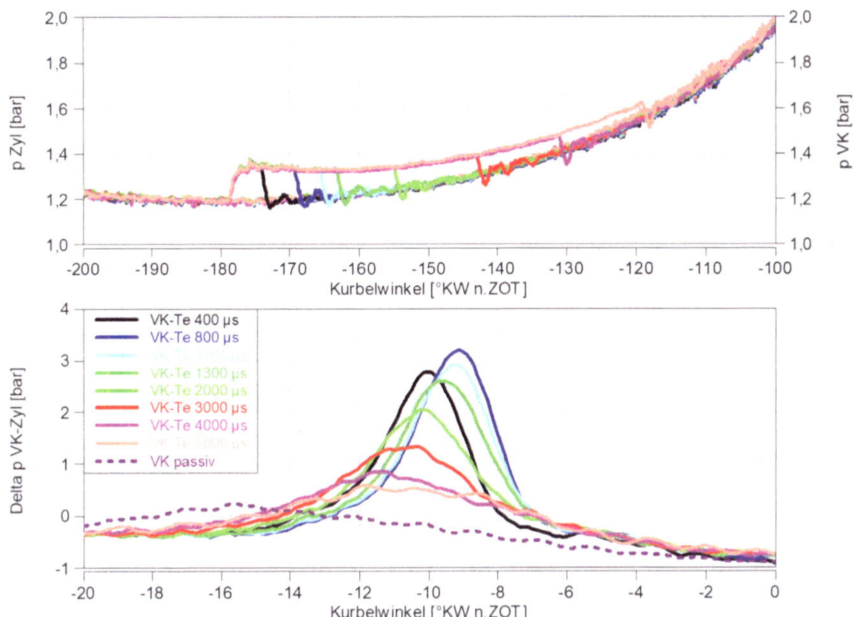

Abbildung 5.5: Differenzdruck von Vorkammer zu Zylinder für t_e-VK Variation bei 2000 1/min, 10 bar p_{mi}, Lambda 1.4 und SOI-VK -180 °KW n.ZOT

visualisiert die Phase der Methan-Einblasung in die Vorkammer und den daraus resultierenden Überdruck von anfänglich ≈ 0.2 bar. Es ist ebenfalls ersichtlich, dass der vorgegebene Wert im Motorsteuergerät für die Bestromungszeit des Injektors mit der realen Injektoröffnung am gemessenen Drucksignal korreliert.

Der untere Graph zeigt den Ausschnitt der Druckdifferenz während des Ausbrandes der Vorkammer, kurz vor ZOT. Der maximale Differenzdruck tritt bei t_e von 800 μs auf, was auf gute Zünd- und Entflammungsbedingungen in der Vorkammer für die Messreihe schließen lässt. Verglichen mit der nahezu flachen Referenzkurve für passiven Betrieb der Vorkammer zeigt sich bereits bei 400 μs eine erhebliche Ausprägung des Differenzdruckes. Bei weiterer Erhöhung von t_e tritt eine stetige Reduktion des maximalen Differenzdrucks ein. Bei 4000 μs fällt dieser bereits um über 70 % auf unter 1 bar ab. Der Trend der Unterstöchiometrie durch zu hohe eingeblasene Kraftstoffmasse, bei SOI von

-180 °KW n.ZOT, in der Vorkammer mit folglich schlechterer Zündfähigkeit und langsamerer laminarer Flammgeschwindigkeit zeichnet sich somit auch im Differenzdruck ab. Dieses Bild korreliert ebenfalls mit der kontinuierlich steigenden Brenndauer in Abbildung 5.4.

Für die Festlegung der optimalen Einblasedauer in die Vorkammer sprechen geringere Emissionen, Brenndauer, Brennverzug und ein höherer Differenzdruck von Vorkammer zu Zylinder für kürzere Einblasedauern unter 1300 μs. Dem gegenüber steht eine bessere $COV\ p_{mi}$ für eine längere Einblasedauer von 3500 bis 4500 μs. Bei 1100 μs, also $\approx$ 2.3 % der gesamten Kraftstoffmasse je Zyklus, hat die $COV\ p_{mi}$ ein lokales Minimum bei $\approx$ 1.5 % und Brennverzug sowie Brenndauer befinden sich noch im anfänglichen, horizontalen Plateau. Der Differenzdruck ist weniger als 10 % unterhalb des maximalen Differenzdrucks und die HC-Emissionen sind im Beginn der Steigung. Aus diesen Gründen stellt die Bestromungsdauer des VK-Injektors von 1100 μs einen guten Kompromiss dar und wird für die weiteren Untersuchungen fixiert.

Die Sensitivitätsanalyse auf eine SOI-Variation wird für die Vorkammer Einblasung analog zur SOI-Variation des Hauptbrennraums durchgeführt. Wie schon zuvor für die t_e-Variation wird der BP3 mit Lambda 1.4 verwendet. In Abbildung 5.6 sind die Messdaten für Emissionen und einige thermodynamische Bewertungskriterien über den SOI des VK-Injektors aufgetragen.

Die Einblasung in die Vorkammer verdrängt zunächst das Restgas, anschließend strömen Methan sowie Restgas über die Überströmbohrungen in den Hauptbrennraum. Das ausgeströmte Methan der Vorkammer befindet sich danach nahe des Brennraumdachs. Bei frühen SOI nahe des OT unterstützt der Saughub des Kolbens die Spülung der Vorkammer durch ein Aussaugen der Vorkammer aufgrund des herrschenden Unterdrucks. Je früher die Einblasung, desto stärker der beschriebene Spüleffekt und desto länger die verfügbare Zeit zur Homogenisierung des ausgeströmten Methans aus der Vorkammer mit Frischluft. Die Mechanismen der verschlechterten Gemischbildung spiegeln sich in der Trendkurve der HC-Emissionen wider, welche einen nahezu linearen Anstieg aufweisen. Die NOx-Emissionen sowie der Brennverzug zeigen keinen eindeutigen Trend. Auch der Wirkungsgrad reagiert wenig sensitiv, während sich eine Verschlechterung der $COV\ p_{mi}$ für spätere SOI des VK Injektors abzeichnet. Für maximale Zeit zur Homogenisierung und verbesserten Ladungswechsel der

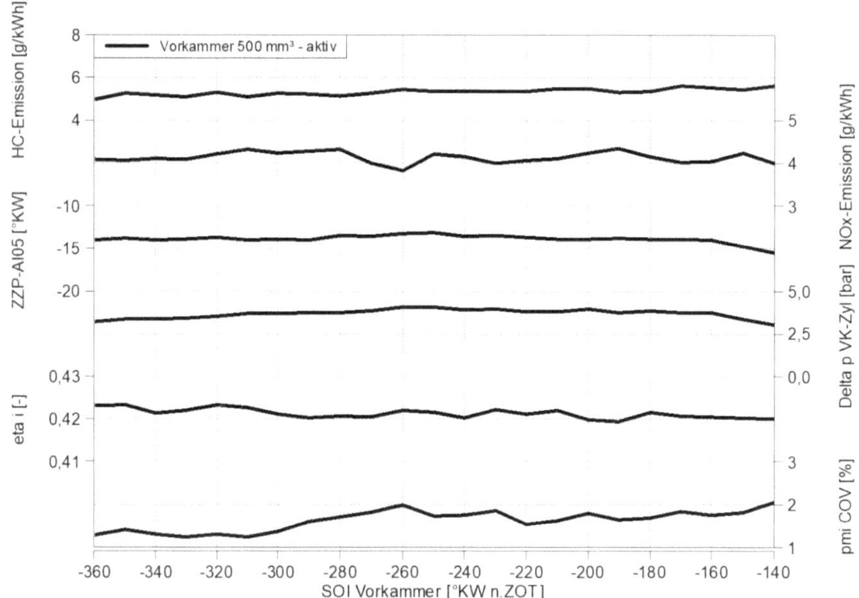

Abbildung 5.6: SOI-Vorkammer Variation bei t_e-VK 1100 μs, 2000 1/min, 10 bar p_{mi} und Lambda 1.4

Vorkammer wird die Einblasung in die Vorkammer bei -360 KW n.ZOT, also im Ladungswechsel OT vorgenommen.

5.2.3 Abmagerungsfähigkeit mit passiver und aktiv gespülter Vorkammerzündkerze

Der Vergleich des Motorverhaltens bei passivem gegenüber aktiv gespültem Betrieb der Vorkammerzündkerze ist entscheidend für die Betriebsstrategie der VK im späteren Motorkennfeld des Vollmotors. Die Lambda Variation wird ebenfalls am BP3 bei 2000 1/min und 10 bar p_{mi}, beginnend bei stöchiometrischem Gemisch vorgenommen. Das Abbruchkriterium der Messreihe wird über die Verbrennungsstabilität definiert. Der Grenzwert der zulässigen Varianz-Koeffizienz des indizierten Mitteldrucks über 200 Zyklen liegt bei max. 3 %.

Abbildung 5.7 zeigt Emissionen, Brennverzug, Deltadruck von VK zu Zylinder, indizierten Wirkungsgrad und $COV\ p_{mi}$, aufgetragen über das globale Lambda.

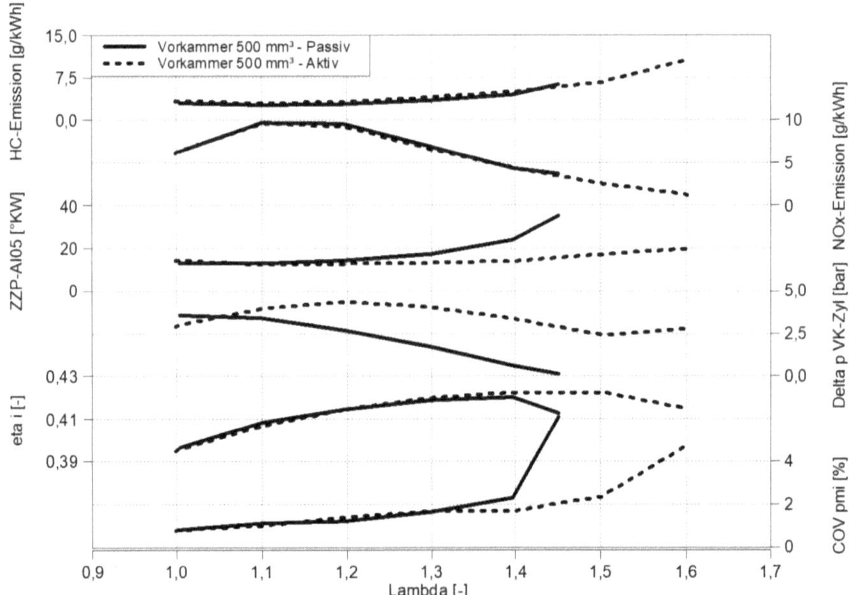

Abbildung 5.7: Abmagerungsfähigkeit für aktiven und passiven Betrieb der VK bei 2000 1/min und 10 bar p_{mi}

Bei stöchiometrischem sowie leicht überstöchiometrischem Gemisch zeigt sich ein sehr vergleichbares Verhalten des Motors bei passivem sowie aktivem Betrieb der VK. Auffällig sind die konstant höheren HC-Emissionen des Motors bei Spülung der Vorkammer mit Methan. Im passiven Betrieb der VK ist bei zunehmender Überstöchiometrie ein zu erwartender, leicht steigender Brennverzug, definiert von ZZP bis AI05, sowie eine steigende $COV\ p_{mi}$ erkennbar. Nahe des stöchiometrischen Betriebes ist ein erhöhter Brennverzug bei aktiv gespülter VK zu erkennen. Dieses Phänomen ist eine Indikation für ein zu fettes Gemisch in der VK zum Zündzeitpunkt.

Im passivem Betrieb der Vorkammer sind konstant reduzierte HC-Emissionen für die gesamte Abmagerungskurve zu detektieren. Dagegen nimmt der Brennverzug ab Lambda ≈ 1.3 ohne aktive Spülung der VK signifikant zu, was sich auch in einer schlechteren Verbrennungsstabilität widerspiegelt. Das definierte Abbruchkriterium bei 3 % *COV* p_{mi} ist im passiven Betrieb bereits bei Lambda 1.45 überschritten. Der Brennverzug der aktiv gespülten Vorkammer hingegen bleibt mit zunehmender Überstöchiometrie länger nahezu konstant. Die Spülung der Vorkammer zeigt eine Erweiterung der Abmagerungsfähigkeit bis Lambda ≈ 1.55 bis zum Erreichen des Abbruchkriteriums. Der Wirkungsgrad nimmt mit steigendem Ladedruck und damit steigendem Luftüberschuss kontinuierlich zu. Der maximale Wirkungsgrad von 42.5 % wird etwa bei Lambda 1.45 erreicht.

5.3 Einfluss Vorkammer Kühlung

Die Kühlung des Vorkammergehäuses wird nun über den separaten Kühlwassermantel mit einer geringeren Temperatur als dem Zylinderkopf-Kühlkreislauf betrieben. Aufgrund der Restriktion der externen Kühlwasser Konditionierung kann hierbei lediglich eine Kühlmittel-Einlauftemperatur von ≈ 55 °C erreicht werden. Der Zylinderkopf wird weiterhin mit 90 °C Kühlmittel Temperatur betrieben, was zu einem Absenken der Vorkammergehäusetemperatur am Thermoelement von 98 auf 70 °C führt. Für die Messungen wird der Motor mit den zuvor definierten Parametern für die Vorkammer (t_e 1100 μs und SOI-VK -360 °KW n.ZOT) betrieben. Abbildung 5.8 zeigt die Lambda Variation für BP3 mit 98 und 70 °C am Thermoelement des Vorkammergehäuses.

Die thermodynamischen Messergebnisse zeigen nahezu keine Unterschiede bei unterschiedlicher Konditionierung der Vorkammer. Lediglich eine minimale Erhöhung der Brennverzugszeit sowie eine geringfügige Absenkung der *COV* p_{mi} für die gekühlte Vorkammer sind ersichtlich. Der Differenzdruck zwischen VK und Zylinder sinkt bei steigender Überstöchiometrie für die gekühlte VK um bis zu ≈ 25 % ab. Beide Phänomene sind mutmaßlich auf die kälteren Wandtemperaturen in der Vorkammer und den damit steigenden Wandwärmeverlusten zurückzuführen.

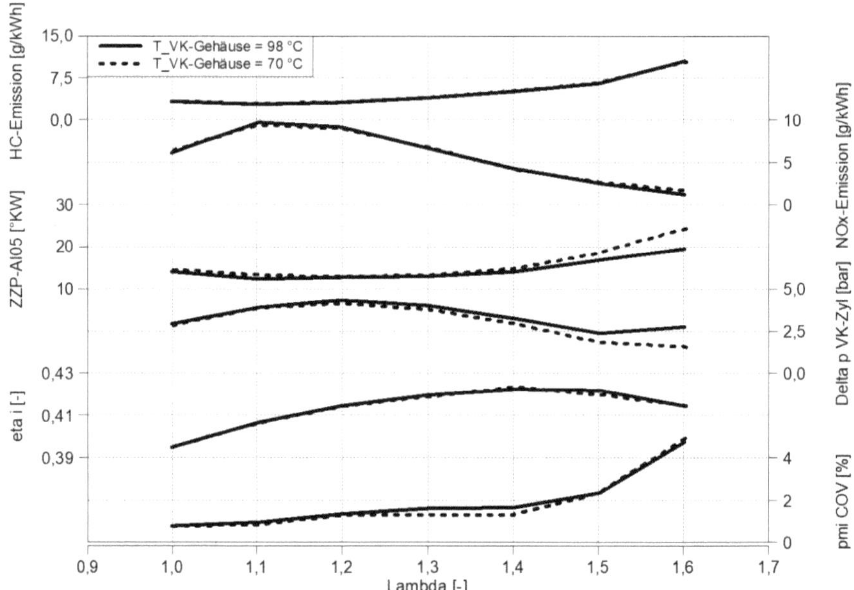

Abbildung 5.8: Abmagerungsfähigkeit mit gekühlter Vorkammerzündkerze für aktiven Betrieb der VK bei 2000 1/min und 10 bar p_{mi}

5.4 Lastschnitt mit aktiver Vorkammer

Der bestmögliche indizierte Wirkungsgrad des Motors mit aktiver Vorkammerzündkerze bei Lambda 1.4, 2000 1/min und optimaler Schwerpunktlage wird durch einen Lastschnitt ermittelt. Der durchgeführte Lastschnitt ist in Abbildung 5.9 grafisch dargestellt.

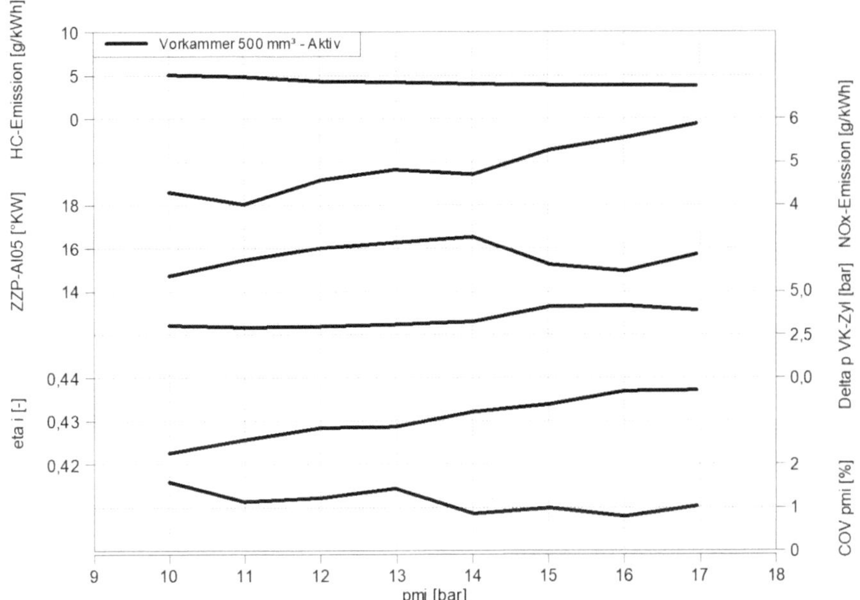

Abbildung 5.9: Lastschnitt für aktiven Betrieb der VK bei 2000 1/min und Lambda 1.4

Der Motor wird bis zu 17 bar p_{mi} betrieben bevor der max. Zylinderdruck für einzelne Zyklen die Spitzendruck Beschränkung von 160 bar erreicht. Auch im maximalen Lastpunkt kann die Schwerpunktlage bei 8 °KW n.ZOT ohne Verbrennungsanomalien wie Glühzündungen oder Klopfen umgesetzt werden. Dies spricht für eine gute Gemischaufbereitung und effiziente Kühlung des Brennraums ohne frühzeitige Lastbegrenzung durch lokale Hotspots. Mit zunehmendem Ladedruck und Mitteldruck zeichnet sich ein steigender Wirkungsgrad mit sinkender *COV* p_{mi} ab. Kurz vor Erreichen der Spitzendruck Beschränkung bei 17 bar p_{mi} stellt sich ein maximaler Wirkungsgrad von ≈ 43.7 % bei einem absoluten Airboxdruck von ≈ 2.6 bar ein. Der aktive Lastschnitt ist mit dem ausgelegten Ventilprofil für BP3 durchgeführt. Aufgrund der Millerisierung mit frühem Schließen des Einlassventils wird ein erhöhter Ladedruck für die ausreichende Zylinderfüllung benötigt. Bei später schließendem Einlassventil verringert sich Ladedruckbedarf entsprechend. Für die Nockenprofile der geplanten Volllastnockenwellen bei 2000 (BP4) sowie 5000 1/min (BP5) ist dieses Verhalten berücksichtigt und das Einlassventil schließt entsprechend später.

5.5 Vergleich 500 mm³ zu 750 mm³ Vorkammer Volumen

Im Folgenden wird der Einfluss eines erhöhten Vorkammer Innenvolumens auf die Abmagerungsfähigkeit untersucht. VK06 mit 750 mm³ Innenvolumen ist analog zu VK05 mechanisch bearbeitet, jedoch wird aufgrund von Bauraumbeschränkungen ein Vorkammergehäuse ohne Ringkühlkanal verwendet. Analog zu VK05 mit 500 mm³ Innenvolumen wird zunächst eine Sensitivitätsanalyse auf die eingeblasene Kraftstoffmenge und den Zeitpunkt der Einblasung in die Vorkammer für BP3 durchgeführt. Die Ergebnisse stellen einen guten Kompromiss zwischen Emissionen und Verbrennungsparametern bei einer Einblasedauer von 4000 μs und einem VK-SOI bei -360 °KW n.ZOT dar. Mit den ermittelten Parametern wird ein Lambda-Sweep mit aktiver Vorkammerzündkerze gefahren.

Zunächst ist eine Erweiterung der Abmagerungsfähigkeit durch das erhöhte Vorkammer Innenvolumen festzustellen. Das Abbruchkriterium der Varianz-Koeffizienz-p_{mi} von 3 % wird anstatt bei Lambda 1.55 nun erst bei Lambda 1.7 erreicht. Dabei sinken die NOx-Emissionen an der Abmagerungsgrenze der 500 mm³ Vorkammer bei Lambda 1.5 um knapp $\approx$ 30 % von 2.5 g/kWh auf 1.7 g/kWh mit der größeren Vorkammer. Durch die steigende Überstöchiometrie an der erweiterten Abmagerungsgrenze der großen Vorkammer bei Lambda 1.65 werden die NOx-Emissionen sogar um $\approx$ 70 % auf 0.7 g/kWh reduziert. Der Trend der fallenden Emissionen für das vergrößerte Vorkammer Innenvolumen ohne Ringkanalkühlung zeigt sich auch bei den HC-Emissionen mit $\approx$ 5-10 % über die gesamte Lambda Variation. Der anfangs sinkende Brennverzug indiziert ein zu fettes Gemisch bei stöchiometrischem und leicht überstöchiometrischem Betrieb. Bei steigendem Luftüberschuss kann der Brennverzug länger nahezu konstant gehalten werden, bevor ein Anstieg kurz vor Erreichen der Abmagerungsgrenze erreicht wird. Die Druckdifferenz zwischen Vorkammer und Zylinder kann in der Spitze von $\approx$ 4 bar auf $\approx$ 13 bar mehr als verdreifacht werden. Der höhere Energie- und Turbulenzeintrag der größeren

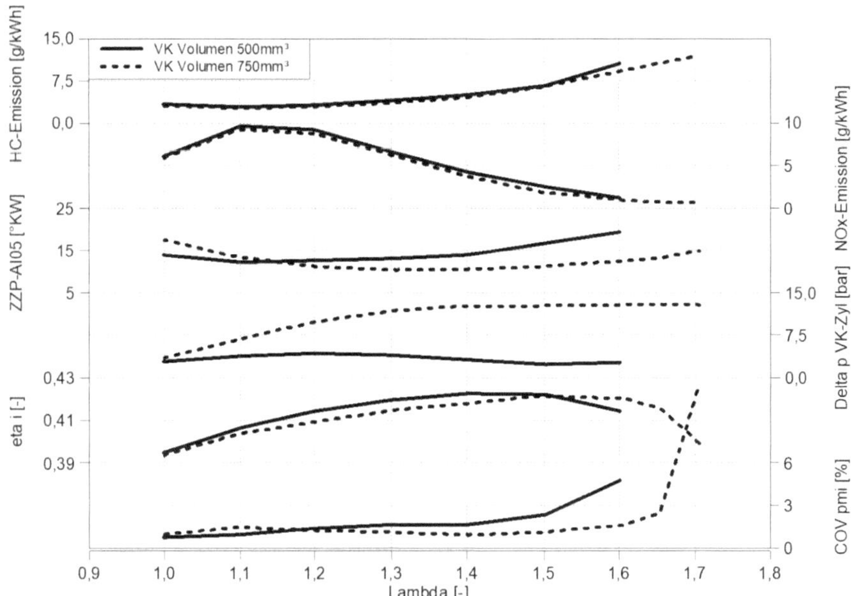

Abbildung 5.10: Vergleich der 500 mm³ zu 750 mm³ Vorkammer Innenvolumen für eine Lambda Variation bei 2000 1/min und 10 bar p_{mi}

Vorkammer in den Hauptbrennraum ermöglicht dabei auch die Erweiterung der Abmagerungsfähigkeit. Jedoch gehen durch die vergrößerte Oberfläche der Vorkammer hierbei auch erhöhte Wandwärmeverluste einher. Zudem bewirken die stärkeren Zündstrahlen eine erhöhte Eindringtiefe in den Brennraum mit gleichzeitig mehr Turbulenz. Beides trägt zu einem verbesserten Wärmeübergang von heißem Verbrennungsgas zu Brennraum und Kolbenoberfläche bei, was erneut die Wandwärmeverluste steigert. Diesen Effekt spiegelt der gesunkene Wirkungsgrad trotz der verbesserten Verbrennungsparameter über die Lambda Variation für 750 mm³ Vorkammer Innenvolumen wider. Der maximale Wirkungsgrad verschiebt sich aufgrund der erhöhten Abmagerungsfähigkeit von Lambda 1.4 zu Lambda 1.6, ist jedoch für beide Vorkammern nahezu identisch. Generell zeigt das vergrößerte Volumen der VK06 einen positiven Einfluss auf die Laufruhe. Zusätzlich wird die Flexibilität des Motorbetriebs durch die verbesserte Abmagerungsfähigkeit erhöht, was mit Fokus auf den Vollmotor und dessen Betriebsstrategien einen Vorteil darstellt.

Für ein besseres Verständnis der innermotorischen Vorgänge werden für die große Vorkammer VK06 bei Lambda 1.4 unterschiedlichen Einblasdauern von 1600 μs und 4000 μs simulativ beleuchtet. Dieser Vergleich von Simulation zu Prüfstand dient gleichzeitig zur Kalibrierung und Validierung der 3D-CFD Simulation. Zur Einstellung des Betriebspunktes in der Simulation werden Drehzahl, Airboxdruck, Abgasgegendruck und Zündzeitpunkt identisch zur Messung am MPST angesetzt. Wie Tabelle 5.1 zeigt, ergibt sich daraus ein nahezu gleicher Luftverbrauch mit einer Abweichung von $\approx 2\ \%$.

Tabelle 5.1: Vergleich der Ergebnisse von MPST zu 3D-CFD Simulation in BP3 bei 1600 μs und 4000 μs Einblasdauer in VK06

	MPST 1600 t_e	CFD 1600 t_e	MPST 4000 t_e	CFD 4000 t_e
Drehzahl [1/min]	2000	2000	2000	2000
Indiz. Mitteldruck [bar]	10.1	10.3	10.0	10.3
Lambda [-]	1.40	1.43	1.40	1.42
Abs. Airboxdruck [bar]	1.63	1.62	1.62	1.62
ZZP [°KW n.ZOT]	-11.5	-11.5	-11.5	-11.5
SOI-DI [°KW n.ZOT]	-240	-240	-240	-240
SOI-VK [°KW n.ZOT]	-330	-330	-330	-330
Luftverbrauch [kg/h]	35.1	34.4	35.8	34.3
Indiz. Wirkungsgrad [%]	42.0	42.6	41.8	40.7
Max. Zylinderdruck [bar]	79	77	79	76
AI10 [°KW n.ZOT]	0.2	0.0	0.1	0.4
AI50 [°KW n.ZOT]	8.1	12.2	8.1	12.6
AI90 [°KW n.ZOT]	22.6	27.8	22.7	27.8
AI10-90 [°KW]	22.4	27.7	22.6	27.4
AI50-90 [°KW]	14.5	15.6	14.6	15.2

Mit gleichem ZZP berechnet die Simulation ebenfalls einen vergleichbaren AI10. Die Verbrennungsschwerpunktlage von 12 anstatt 8 °KW n.ZOT hingegen weist eine gewisse Unschärfe der Simulation mit einer Abweichung von 4 °KW auf. Der zweite Teil der Verbrennung AI50-90 sowie der maximale Zylinderdruck werden erneut sehr akkurat ermittelt. Einen Vergleich des Zylinderdruckverlaufes über Kurbelwinkel ist in Abbildung 5.11 aufgetragen.

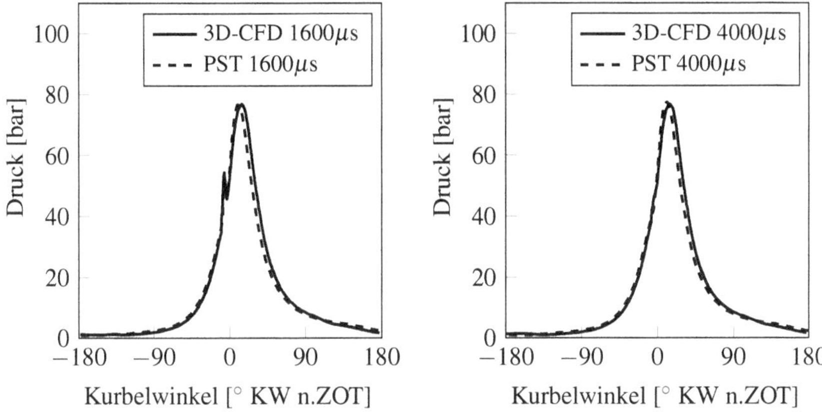

Abbildung 5.11: Vergleich der Druckverläufe von Zylinder (links) und Vorkammer (rechts) von Simulation zu MPST bei 1600 µs Einblasdauer

Sowohl der Zylinder- als auch der Vorkammerdruckverlauf zeigen grundsätzlich eine gute Übersteinstimmung mit den Ergebnissen des MPST. Nahe des ZOT wird der Druckgradient in der Simulation zu gering angenommen, was die Verspätung des AI50 erklärt. Dies lässt auf eine unterschätze Flammenausbreitungsgeschwindigkeit oder einen zu hoch angenommenen Wandwärmeübergang schließen. Speziell in der Vorkammer (rechts) ist eine gute Reproduktion der Realität bis zum ZZP erkennbar. Der Druckgradient in der Vorkammer wird fortan zu niedrig abgebildet, was einen Indikator für die Unschärfe des Wandwärmeübergangs im Bereich der Vorkammer darstellt. Durch die direkte Verknüpfung des Ausbrands der Vorkammer zur Verbrennung im Hauptbrennraum, zieht sich die Abweichung dort entsprechend weiter. Einen gegenläufigen Effekt zeigt der berechnete Druckverlauf in der anschließenden Expansionsphase. Ein geringer Abfall des Vorkammer- und Zylinderdrucks deuten auf einen unterschätzten Wandwärmeübergang hin. Die gegenläufigen Abweichungen in der ersten zu der zweiten Phase der Verbrennung heben sich bei Betrachtung des gesamten Verbrennungsprozess nahezu gegenseitig auf. Der indizierte Mitteldruck von 10.3 bar simulativ, zu gemessenen 10 bar stellt ebenfalls eine zufriedenstellende Genauigkeit dar. Für den überstöchiometrischen Betrieb kann hier eine Anpassung des Wandwärmeaustauschmodells die Modellgüte weiter verbessern.

Für den Vergleich der beiden Einblasstrategien in die Vorkammer ist die Auswertung des Restgasgehalts in Vorkammer und Zylinder sowie einem kleinen Volumen an der Elektrode in Abbildung 5.12 aufschlussreich.

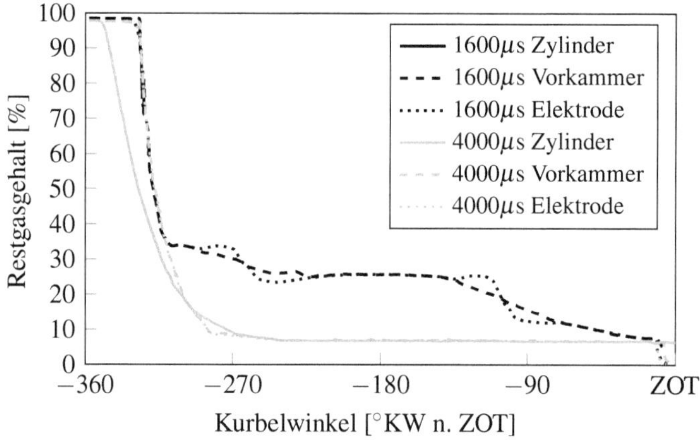

Abbildung 5.12: Vergleich des Restgasgehalts von Zylinder, Vorkammer und Elektrode bei 1600 μs und 4000 μs Einblasdauer

In den Daten des MPST ist der größte Unterschied der erhöhten Einblasung in die Vorkammer eine Reduktion der *COV* p_{mi} von 1.9 % auf 1.1 %. Bei einer Einblasdauer von 1600 μs wird die Vorkammer auf $\approx$ 35 % Restgasgehalt ausgespült, was die rote gepunktete Linie visualisiert. Die weitere Restgasspülung erfolgt nach Ende der Einblasung sehr langsam über die Interaktion und den Gasaustausch mit dem Hauptbrennraum. Bei 4000 μs Einblasdauer dagegen wird die Vorkammer auf 11 % Restgas gespült, was bei -225 °KW n.ZOT bereits dem Restgasgehalt des Hauptbrennraums entspricht. Zum ZZP liegt ebenfalls ein minimal geringerer Restgasgehalt in der Vorkammer vor, wodurch die Flammenausbreitung gefördert wird. Dies unterstützt den Verbrennungsprozess und reduziert damit die zyklischen Schwankungen des Motors, was mit der Reduktion der *COV* p_{mi} am MPST korreliert. Der indizierte Wirkungsgrad bei 1600 μs wird in der Simulation mit einer Abweichung von 0.6 %-Punkten getroffen.

Je höher die Einblasdauer und damit die eingeblasene Kraftstoffmasse in die Vorkammer ist, desto geringer ist die Zeit für die Homogenisierung. Eine Untersuchung der Gemischbildung durch Betrachtung des Restgasgehalts und des lokalen Lambdas in Vorkammer und Hauptbrennraum wird dafür betrachtet. Der Restgasgehalt (links) zum Ende der Einblasung bei -268 °KW n.ZOT und das Lambda zum ZZP bei -12 °KW n.ZOT (rechts) für 1600 μs Einblasdauer zeigt Abbildung 5.13. Zum Vergleich werden darunter die äquivalenten Auswertungen für 4000 μs Einblasdauer in Abbildung 5.14 dargestellt.

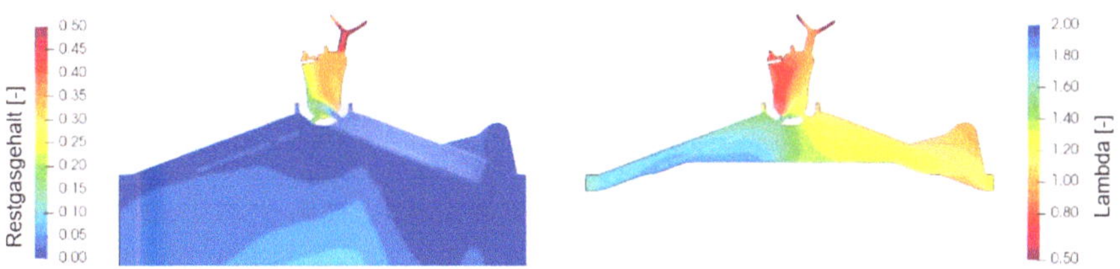

Abbildung 5.13: Vergleich von Lambda bei -268 °KW n.ZOT (links) und zum ZZP für 1600 μs Einblasdauer

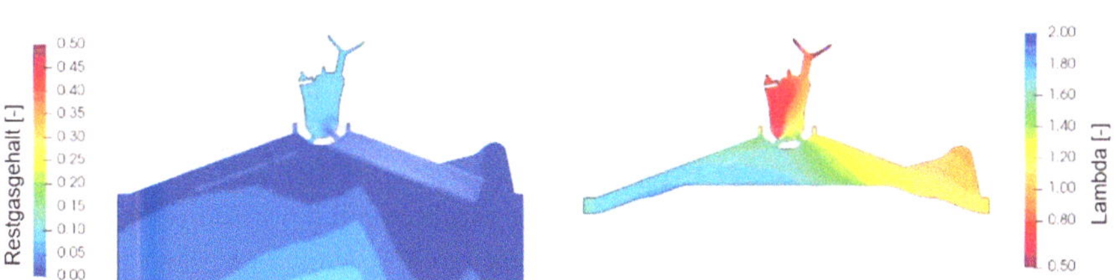

Abbildung 5.14: Vergleich von Lambda bei -268 °KW n.ZOT (links) und zum ZZP für 4000 μs Einblasdauer

Der Vergleich demonstriert, dass trotz der unterschiedlich langen Einblasdauer und der zunächst stark unterschiedlichen Restgasgehalte in der Vorkammer die Homogenisierung zum ZZP praktisch identisch ist. Dies lässt den Schluss zu, dass die aktive Einblasung in die Vorkammer den Restgasgehalt reduziert, eine direkte Beeinflussung oder Steuerung der Gemischzusammensetzung in der Vorkammer allerdings nicht möglich ist.

5.6 Vergleich von Methan- zu Referenz-Benzinmotor

Die Simulationsergebnisse des Einzylinder-Methanmotors mit verbauter VK05 werden mit dem Referenz-Benzinmotor verglichen. Durch Auslitern des Einzylinder-Methanmotors wird das exakte Kompressionsverhältnis $\varepsilon = 15.17$ mit Einbeziehen des Volumens der VK-Innengeometrie der verwendeten VK05 von 500 mm³ ermittelt. Die Ergebnisse der Strömungssimulation des Einzylinder-Methanmotors werden dabei in Tabelle 5.2 mit dem Referenz-Benzinmotor für die Betriebspunkte 1-5 verglichen.

In BP1-3 wird der Methanmotor im Hauptbrennraum überstöchiometrisch mit Methan Einblasung in die Vorkammer von $\approx 5\ \%$ der gesamten Methanmasse betrieben. Trotz des überstöchiometrischen Betriebs erzielt der Methanmotor für BP1 eine vergleichbare und für BP2 eine um $\approx 40\ \%$ verkürzte Brenndauer AI10-90 verglichen zum Referenzmotor. Dies ist auf das höhere Verdichtungsverhältnis, Entdrosselung durch Anpassung des Ventilprofils und die Nutzung der aktiven Vorkammerzündkerze zurückzuführen. Ein späterer ZZP für eine bessere Schwerpunktlage AI50 nahe 8 °KW n.ZOT kann potentiell den Wirkungsgrad nochmals erhöhen.

In BP3 zeigen die Daten des MPST, dass die aktive Vorkammerzündkerze auch bei Anhebung der Last auf ≈ 10 bar p_{mi} die Nachteile in der Flammengeschwindigkeit durch die Überstöchiometrie nicht mehr völlig kompensieren kann. Dies führt zu einem frühen ZZP und der Verlängerung von AI10-90, wobei eine 6.4 °KW frühere Schwerpunktlage von AI50 von 8 °KW n.ZOT realisierbar ist. Bei stöchiometrischem Betrieb in BP4 und BP5 wird die Vorkammerzündkerze passiv ohne Methan-Einblasung betrieben. Dabei zeigt sich eine äquivalente Brenndauer AI10-90 in BP4 und eine $\approx 24\ \%$ verkürzte in BP5. Die Leistung

Tabelle 5.2: Vergleich der finalen 3D-CFD Simulations- und Prüfstandsergebnisse von Referenz-Benzinmotor (E10) mit Einzylinder-Methanmotor (CH_4) für BP1-5

	Lambda zum ZZP [-]	p_{22} abs. [bar]	ZZP [°KW n.ZOT]	Max. Zylinderdruck [bar]	indiz. Mitteldruck [bar]	indiz. Wirkungsgrad [%]	AI50 [°KW n.ZOT]	AI10-90 [°KW n.ZOT]
BP1 E10	1.00	0.47	−18	11	1.5	27.5	13.4	30
BP1 CH_4	1.65	1.00	−26	22	1.8	33.6	2.8	31
BP2 E10	1.00	0.91	−36	29	4.0	37.5	8.8	46
BP2 CH_4	1.81	1.00	−22	48	4.6	40.4	4.8	28
BP3 E10	1.08	1.05	−8	53	10.4	40.7	14.4	24
BP3 CH_4	1.50	1.72	−21	81	10.0	42.2	8.0	27
BP4 E10	1.02	2.21	4	67	21.1	35.2	31.4	25
BP4 CH_4	1.00	2.21	−9	132	23.7	42.0	16.1	25
BP5 E10	1.07	2.55	−10	76	17	36.5	20.4	39
BP5 CH_4	1.03	2.04	−16	157	23.1	40.1	11.8	30

bei Volllast kann dabei um 12 % in BP4 und um 36 % im Nennleistungspunkt BP5 gesteigert werden. Allerdings ist die mechanische Belastung des Methanmotors, durch die Anhebung des max. Zylinderdrucks um bis zu 100 % im selben Betriebspunkt, deutlich gestiegen.

In Abbildung 5.15 sind die einzelnen Betriebspunkte in das Kennfeld des Referenzmotors mit Vergleich des Wirkungsgrads von Benzin zu Methanmotor eingetragen.

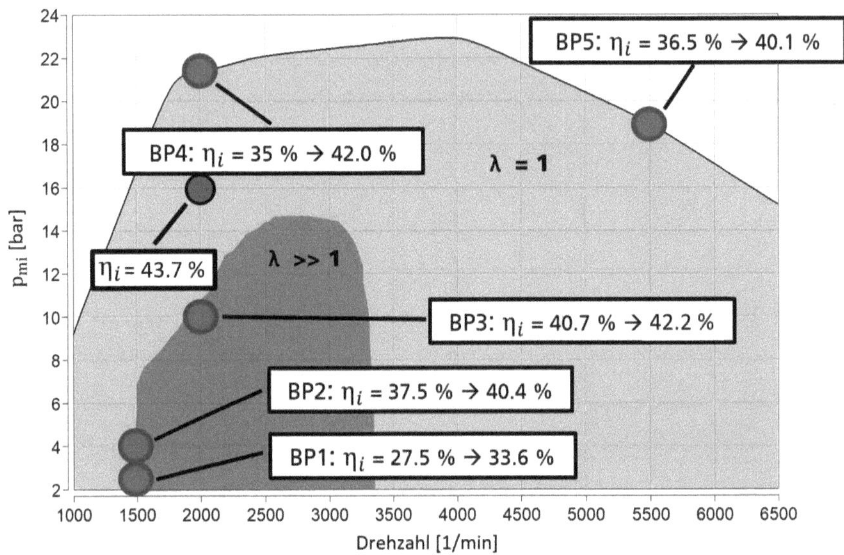

Abbildung 5.15: Vergleich des simulierten Wirkungsgrads von Referenz-
Benzinmotor und Methanmotor für BP1-5

Für jeden der fünf zu Beginn definierten Betriebspunkte wird eine Steige-
rung des Wirkungsgrads erzielt. Sowohl die Niederlast- als auch die Volllast-
Betriebspunkte zeigen dabei eine enorme Steigerung von bis zu 7 %-Punkten.
Ebenfalls markiert ist der beste indizierte Wirkungsgrad des Methanmotors
bei 16 und 17 bar indiziertem Mitteldruck und 2000 1/min. In vier der fünf
Betriebspunkte werden Wirkungsgrade > 40 % erzielt, was die Effizienz des
Methanmotors unter verschiedenen Betriebsbedingungen im Kennfeld zeigt.
Der Methanmotor erzielt somit eine Steigerung des Wirkungsgrads bei gleich-
zeitiger Anhebung der Leistung verglichen mit dem Referenz-Benzinmotors.
Der Lastschnitt bis 17 bar p_{mi} in Kapitel 5.4 zeigt die entsprechende Leistungs-
reserven anhand der durchgeführten Versuche auf dem MPST.

6 Zusammenfassung und Ausblick

Methan als Energieträger und Kraftstoff für Verbrennungsmotoren kann einen Beitrag für eine erfolgreichen Dekarbonisierung des Verkehr- und Transportsektors leisten. Die Nutzung von fossilem Methan mit schrittweiser Umstellung auf regenerativ gewonnenes Methan eignet sich speziell als Brückentechnologie für eine zeitnahe Reduktion von CO_2-Emissionen. Aus diesem Grund wurde im Rahmen des Forschungsprojektes MethMag ein Methan-Brennverfahren mit aktiver Vorkammerzündkerze an einem Einzylinder Forschungsmotor dargestellt. Als Referenz und Basis diente ein aufgeladener State of the art Benzinmotor mit Benzin-Direkteinspritzung. Ziel war die Darstellung eines Methanmotors mit hoher Abmagerungsfähigkeit, gesteigertem Wirkungsgrad und äquivalenter Spitzenleistung verglichen mit dem Referenz-Benzinmotor.

Den Grundstein der Entwicklung legte die Konzeptphase mit detaillierter Bauraumuntersuchung. Für eine verbesserte Gestaltungsfreiheit auf engstem Bauraum wurden das Gehäuse der Vorkammerzündkerze sowie der Zylinderkopf additiv hergestellt. Verschiedene Varianten und Positionen von aktiver Vorkammerzündkerze, Ladungswechselkanälen und DI-Injektor sind unter Berücksichtigung thermodynamischer sowie thermomechanischer Gesichtspunkte betrachtet worden. Die additive Fertigung von Vorkammergehäuse und Zylinderkopf ermöglichte zum einen die zentrale Integration des voluminösen Vorkammergehäuses mit Zündkerze und Injektor selbst. Zum anderen kann ein zusätzlicher, vom eigentlichen Zylinderkopf Kühlkreislauf getrennter Kühlwassermantel des Vorkammergehäuses integriert werden. Der eingeschränkte Bauraum erforderte eine komplexe und feine Bauteilgeometrie mit filigranem Kühlwassermantel bei minimalen Wandstärken der Vorkammer von teils 1 mm. Der Einsatz der additiven Fertigung entschärfte den Zielkonflikt aus Bauraumbedarf und verfügbarem Bauraum merklich. Eine Umsetzung mit klassischen Fertigungsverfahren ist durch die Geometriekomplexität, geringe Mindestwandstärke sowie Stückzahl nur mit enormem Aufwand und Kosten denkbar.

Die relevanten Motorkomponenten wurden in der Detailentwicklung mittels 3D-CFD-, 3D-CHT- und FEM-Simulationen iterativ entwickelt und abgesichert.

© Der/die Autor(en), exklusiv lizenziert an
Springer Fachmedien Wiesbaden GmbH, ein Teil von Springer Nature 2025
S. Bucherer, *Konzept, Design und Validierung eines Einzylinder-Methan-Brennverfahrens mit konditionierter aktiver Vorkammerzündkerze unter Nutzung additiver Fertigungsverfahren*, Wissenschaftliche Reihe
Fahrzeugtechnik Universität Stuttgart,
https://doi.org/10.1007/978-3-658-48237-4_6

Es wurden mehrere Varianten von Vorkammergeometrien, Kolbenformen, Ladungswechselkanälen und Injektor Positionen betrachtet. Die Validierung des Einzylinder-Methanmotors erfolgte auf dem Motorenprüfstand. Die thermodynamischen Grunduntersuchungen sind bei 2000 1/min mit einer Nockenwelle, ausgelegt auf Teillast und Entdrosselung, erfolgt. Sensitivitätsanalysen des Motors zeigten, dass sowohl die Dauer als auch der Zeitpunkt der Einblasung in die Vorkammer großen Einfluss auf die Thermodynamik des Motors zeigen. Das Einblasezeitpunkt in den Hauptbrennraum stellte sich als weniger sensitiv heraus.

Der Betrieb mit aktiv gespülter Vorkammerzündkerze zeigte eine Erweiterung der Abmagerungsfähigkeit von Lambda 1.4 bei passivem Betrieb zu Lambda 1.5. Ab Lambda 1.55 ist die definierte Grenze von 3 % Varianz-Koeffizienz p_{mi} für stabilen überstöchiometrischen Betrieb mit dem kleinen Vorkammer Innenvolumen von 500 mm³ auch bei aktiv gespültem Betrieb erreicht. Die NOx-Rohemissionen können dabei von $\approx$ 6.3 g/kWh bei stöchiometrischem Betrieb auf $\approx$ 2.5 g/kWh reduziert werden. Dabei zu beachten ist jedoch der Anstieg der HC-Rohemissionen von $\approx$ 3 g/kWh auf $\approx$ 6.6 g/kWh.

Eine Vergrößerung des Vorkammer Innenvolumens auf 750 mm³ zeigte eine weitere Steigerung der Abmagerungsfähigkeit bis zu Erreichen von 3 % Varianz-Koeffizienz p_{mi} bei Lambda 1.7, bei gleichzeitiger Reduktion der Rohemissionen über das gesamte Lambda Band. An der Abmagerungsgrenze bei Lambda 1.65 waren HC-Emissionen von $\approx$ 10.5 g/kWh und NOx-Emissionen von $\approx$ 0.7 g/kWh messbar. Ein Motorbetrieb im stark überstöchiometrischen Bereich zur Reduktion der NOx-Emissionen ist durch die aktive Spülung der Vorkammerzündkerze somit gegeben. Der Differenzdruck von Vorkammer zu Zylinder wird mit dem vergrößerten Vorkammer Innenvolumen dabei mehr als verdreifacht, der indizierte Wirkungsgrad fällt durch erhöhte Wandwärmeverluste jedoch minimal ab. Generell zeigten die Untersuchungen der aktiv gespülten Vorkammerzündkerze, dass ein Spülen und Reinigen der Vorkammer von Restgas sehr gut funktioniert. Eine direkte Steuerung des Luft-Kraftstoffverhältnisses in der Vorkammer ist jedoch nicht möglich. Das Gemisch in der Vorkammer wird maßgeblich durch das resultierende Strömungsfeld während des Kompressionshubs und nicht durch die Einblasung in die Vorkammer dominiert.

Der maximale, indizierte Wirkungsgrad des Einzylinder-Methanmotors von $\approx$ 43.7 % wird bei 17 bar indiziertem Mitteldruck und aktiv betriebener 500 mm³ Vorkammer erzielt. Dies stellt eine Steigerung des indizierten Wirkungsgrads um 3.5 %-Punkte gegenüber dem Referenz-Benzinmotor dar. Die Zielsetzung von 42 % wird somit um mehr als 1.5 %-Punkte übertroffen. Die Schwerpunktlage der Verbrennung konnte bis zur Spitzendruckbeschränkung des Motors bei 160 bar konstant bei 8 °KW n.ZOT gehalten werden. Es waren dabei keine Verbrennungsanomalien wie Vorentflammung oder Klopfen zu detektieren, was eine effektive Kühlung und weitere Leistungsreserve des Motors impliziert. Die Messung der Spitzenleistung bei passivem Betrieb der Vorkammer konnte aufgrund von technischen Problemen an der Prüfstand Infrastruktur nicht durchgeführt werden.

Das Absenken der Kühlmittel-Einlauftemperatur des Vorkammer-Kühlkreislaufs zeigte innerhalb einer Lambda Variation nahezu keinen Einfluss auf die thermodynamischen Messgrößen. Das Kühlsystem des Motorenprüfstands ließ jedoch nur eine Absenkung der Kühlmittel-Einlauftemperatur um 35 °C auf 55 °C zu. Der Einfluss der Kühlung bei weiterer Absenkung der Temperatur kann somit nicht abschließend bewertet werden. Die Tauglichkeit des Methan-Brennverfahrens mit aktivem sowie passivem Vorkammerbetrieb wurde sowohl für den stöchiometrischen als auch überstöchiometrischen Bereich simulativ und im Versuch nachgewiesen. Die Darstellung von Leerlauf- und Volllastpunkten erfolgte nur simulativ.

6.1 Ausblick

Zukünftig gilt es die experimentellen Untersuchen am Einzylinder-Methanmotor zu intensivieren. Weitere Betriebspunkte in Voll- und Niederlast bei unterschiedlichen Drehzahlen mit jeweils entsprechender Nockenwelle des Vollmotors sollten auf dem Motorenprüfstand validiert werden. Darüber hinaus zeigt die asymmetrische Vorkammer Variante VK07 in der Simulation eine gesteigerte Turbulenz innerhalb der Vorkammer, was potenziell die Abmagerungsfähigkeit noch erweitern kann. Dies sollte durch experimentelle Untersuchungen betrachtet und durch Vergleiche mit den bereits getesteten Varianten VK05 und VK06 bewertet werden.

Generell stellt der entwickelte Einzylinder-Methanmotor eine gute Basis für weitere, thermodynamische Untersuchungen dar. Die Integration des separaten Kühlkreislaufes der Vorkammer kann zur Validierung und Optimierung der thermischen Konditionierung der Vorkammerzündkerze für verschiedene Betriebszustände genutzt werden. Hierbei können auch Versuche zur potentiellen Minimierung von Emissionen während des Kaltstarts durch gezieltes Erwärmen der Vorkammer untersucht werden. Speziell für flüssige Kraftstoffe spielt die Verdampfung des Kraftstoffes an der Wand eine erhebliche Rolle, vor allem bei niedrigen Wandtemperaturen in Brennraum und Vorkammerzündkerze. Eine Ertüchtigung der externen Kühlmittel Konditionierung ist hierbei unerlässlich. Zur Senkung der HC-Emissionen ist die Verwendung eines Kolbens mit reduzierter Kolbenhöhe und Feuerstegen empfehlenswert. Die Betrachtung einer Strahlformungskappe für den Injektor im Hauptbrennraum kann ebenfalls einen positiven Einfluss auf Gemischbildung und Emissionen haben.

Die Brennraumgeometrie weist einen hohen Tumble und somit ein hohes Maß an Turbulenz auf. Gepaart mit der effektiven Kühlung des Zylinderkopfes zur Reduktion von lokalen Hotspots kann der Motor ebenfalls für Versuche mit Wasserstoff anstatt Methan genutzt werden. Eine Reduktion des Verdichtungsverhältnisses sowie eine verstärkte Kolbenauslegung zur Anhebung des maximalen Spitzendrucks auf 180 bar sind dabei empfehlenswert.

Literaturverzeichnis

[1] ALTIPARMAK, S. ; YARDLEY, V. ; SHI, Z. ; LIN, J. : Extrusion-based additive manufacturing technologies: State of the art and future perspectives. In: *Journal of Manufacturing Processes* (2022), Nr. 83, S. 607–636. `http://dx.doi.org/10.1016/j.jmapro.2022.09.032`. – DOI 10.1016/j.jmapro.2022.09.032. – ISSN 15266125

[2] AMERICAN SOCIETY FOR TESTING AND MATERIALS: *ISO/ASTM 52910:2018 // Guidelines for Design for Additive Manufacturing*. West Conshohocken, PA : ASTM International, 2016. `http://dx.doi.org /10.1520/ISOASTM52910-17`. `http://dx.doi.org/10.1520/ISO ASTM52910-17`

[3] AVL LIST GMBH ; AVL LIST GMBH (Hrsg.): *AVL Pressure Sensors for Combustion Analysis*. `https://www.avl.com/en/testing-sol utions/all-testing-products-and-software/advanced-mea surement-technologies/pressure-0`. Version: 2013

[4] BACH, C. ; HEEB, N. ; MATTREL, P. ; MOHR, M. : Wirkungsorientierte Bewertung von Automobilabgasen. 59 (1998), Nr. 11

[5] BAUMGARTNER, L. S. ; KARMANN, S. ; BACKES, F. ; STADLER, A. ; ET AL.: *Experimental Investigation of Orifice Design Effects on a Methane Fuelled Prechamber Gas Engine for Automotive Applications*. 2017 (SAE Technical Paper 2017-24-0096). `http://dx.doi.org/10.4271/201 7 24 0096`. `http://dx.doi.org/10.4271/2017-24-0096`

[6] BERNDT, F. : *Lean combustion in gasoline engines: Potential of new ignition and injection systems for low NOx and particulate emissions*, Technische Universität Carolo-Wilhelmina zu Braunschweig, Dissertation, 2014. `http://dx.doi.org/10.24355/dbbs.084-201511261134-0`. – DOI 10.24355/dbbs.084–201511261134–0

[7] BEUTLER, M. ; SCHMIDT, M. : *ATZ Automobiltechnische Zeitschrift*. Bd. 102: *Erdgas - Ein alternativer Kraftstoff für den Verkehrssektor*. 2000

[8] BUCHERER, S. ; ROTHE, P. ; KRALJEVIC, I. ; KOLLMEIER, H.-P. ; ET AL.: *SAE Technical Paper*. Bd. 2022-37-0001: *Design of an Additive Manufactured Natural Gas Engine with Thermally Conditioned Active Prechamber*. 2022. http://dx.doi.org/10.4271/2022-37-0001. http://dx.doi.org/10.4271/2022-37-0001

[9] C. BACH ; C. LÄMMLE ; R. BILL ; P. JANNER ; ET AL.: *Clean Engine Vehicle - Ein niedrigemittierendes und verbrauchsarmes Erdgas-Antriebskonzept*. 2004

[10] CHIGIER, N. : *Energy, combustion, and environment*. New York, 1981. – ISBN 0–07–010766–1

[11] CHIODI, M. : *An Innovative 3D-CFD-Approach towards Virtual Development of Internal Combustion Engines*. Stuttgart, Universität Stuttgart, Dissertation, 2010

[12] CORDOVA, L. ; CAMPOS, M. ; TINGA, T. : *Revealing the Effects of Powder Reuse for Selective Laser Melting by Powder Characterization*. Bd. 71. 2019. http://dx.doi.org/10.1007/s11837-018-3305-2. http://dx.doi.org/10.1007/s11837-018-3305-2

[13] DIEGEL, O. ; NORDIN, A. ; MOTTE, D. : *A Practical Guide to Design for Additive Manufacturing*. Singapore : Springer Singapore, 2019. http://dx.doi.org/10.1007/978-981-13-8281-9. http://dx.doi.org/10.1007/978-981-13-8281-9

[14] DIN-NORMENAUSSCHUSS WERKSTOFFTECHNOLOGIE: *DIN EN ISO/ASTM 52911-1: Additive manufacturing - Design - Part 1: Laser-based powder bed fusion of metals (ISO/ASTM 52911-1:2019)*. 2020

[15] EHRLENSPIEL, K. ; MEERKAMM, H. : *Integrierte Produktentwicklung: Denkabläufe, Methodeneinsatz, Zusammenarbeit*. 5. Carl Hanser Verlag GmbH & Co. KG, 2013. – ISBN 3446435484

[16] FERGUSON, C. R. ; KECK, J. C.: *Combustion and Flame*. Bd. 28: *On laminar flame quenching and its application to spark ignition engines*. 1977. http://dx.doi.org/10.1016/0010-2180(77)90025-6. http://dx.doi.org/10.1016/0010-2180(77)90025-6

[17] FIOCCHI, J. ; TUISSI, A. ; BIFFI, C. A.: *Heat treatment of aluminium alloys produced by laser powder bed fusion: A review.* Bd. 204. 2021. http://dx.doi.org/10.1016/j.matdes.2021.109651. http://dx.doi.org/10.1016/j.matdes.2021.109651

[18] FISCHER, J. : *Einfluss variabler Einlassströmung auf zyklische Schwankungen bei Benzin-Direkteinspritzung: Dissertation.* 2004. – ISBN 3–8325–0566–0

[19] GEBHARDT, A. : *Generative Fertigungsverfahren: Additive Manufacturing und 3D Drucken für Prototyping, Tooling, Produktion.* 4., neu bearbeitete und erweiterte Auflage. München : Hanser, 2013. – ISBN 978–3–446–43651–0

[20] GIBSON, I. : *Additive Manufacturing Technologies.* [S.l.] : SPRINGER NATURE, 2020. – ISBN 978–3–030–56126–0

[21] GINGRICH, J. W. ; OLSEN, D. B. ; PUZINAUSKAS, P. ; WILLSON, B. D.: *Precombustion Chamber NO x Emission Contribution to an Industrial Natural Gas Engine.* Bd. 7. 2006. http://dx.doi.org/10.1243/146808705X30602. http://dx.doi.org/10.1243/146808705X30602

[22] HERWEG, R. ; ZIEGLER, G. F. W.: *FVV, Abschlussbericht.* Bd. Verbrennungskraftmaschinen: *Flammenkernbildung l.* 435. 1990

[23] HEYWOOD, J. : *Internal Combustion Engine Fundamentals.* McGraw-Hill, 1988 https://gctbooks.files.wordpress.com/2016/02/internal-combustion-engine-fundamentals-by-j-b-heywood.pdf. – ISBN 0–07–028637–X

[24] ISHIKAWA, N. : *Combustion and Flame.* Bd. 56: *Bulk and wall flame quenching in nonuniform concentration fields.* http://dx.doi.org/10.1016/0010-2180(84)90059-2. http://dx.doi.org/10.1016/0010-2180(84)90059-2

[25] JOOS, F. : *Technische Verbrennung: Verbrennungstechnik, Verbrennungsmodellierung, Emissionen.* Berlin and Heidelberg : Springer, 2006

[26] KOLB, S. ; PLANKENBÜHLER, T. ; HOFMANN, K. ; BERGERSON, J. ; KARL, J. : *Life cycle greenhouse gas emissions of renewable gas technologies: A comparative review.* Bd. 146. 2021. `http://dx.doi.org/10.1016/j.rser.2021.111147`. `http://dx.doi.org/10.1016/j.rser.2021.111147`

[27] KOLB, S. ; PLANKENBÜHLER, T. ; HOFMANN, K. ; BERGERSON, J. ; KARL, J. : *Szenarien für die Integration erneurbarer Gase in den deutschen Gasmarkt bis 2050: Eine modellgestütze Analyse.* 2022

[28] KONDA GOKULDOSS, P. : *Selective Laser Melting: Materials and Applications.* MDPI - Multidisciplinary Digital Publishing Institute, 2020

[29] KORB, B. ; KUPPA, K. ; DINKELACKER, F. ; WACHTMEISTER, G. : *Ursachen und Reduktionsmaßnahmen der THC-Emissionen in Gasmotoren: Zwischenbericht.* Heft R568-2014. 2014 (Informationstagung Motoren)

[30] KUHLBACH, K. ; WILLKOMM, J. ; WEBER, C. ; SCHLEIFENBAUM, J. H.: Methodische Kühlungsentwicklung für additiv gefertigte Zylinderköpfe. In: *MTZ Motortechnische Zeitschrift* 84 (2023), Nr. 1, S. 40–45. `http://dx.doi.org/10.1007/s35146-022-1415-4`. – DOI 10.1007/s35146–022–1415–4

[31] KUMKE, M. : *AutoUni-Schriftenreihe.* Bd. Band 124: *Methodisches Konstruieren von additiv gefertigten Bauteilen: Dissertation.* 2018. `http://dx.doi.org/10.1007/978-3-658-22209-3`. `http://dx.doi.org/10.1007/978-3-658-22209-3`

[32] LACHMAYER, R. ; LIPPERT, R. B.: *Entwicklungsmethodik für die Additive Fertigung.* 1. Aufl. 2020. Berlin, Heidelberg : Springer Vieweg, 2020. – ISBN 978–3–662–59789–7

[33] LACHMAYER, R. (Hrsg.) ; RETTSCHLAG, K. (Hrsg.) ; KAIERLE, S. (Hrsg.): *Konstruktion für die Additive Fertigung 2020.* 1. Auflage 2021. Berlin, Heidelberg : Springer Berlin Heidelberg, 2021. – ISBN 978–3–662–63030–3

[34] LE, Z. ; HYER, H. ; THAPLIYAL, S. ; MISHRA, R. S. ; ET AL.: *Process-Dependent Composition, Microstructure, and Printability of Al-Zn-Mg*

and Al-Zn-Mg-Sc-Zr Alloys Manufactured by Laser Powder Bed Fusion.
Bd. 51. 2020. http://dx.doi.org/10.1007/s11661-020-05768-3.
http://dx.doi.org/10.1007/s11661-020-05768-3

[35] LINDEMANN, B. ; GHETTI, S. ; BEY, R. ; KAYACAN, C. : Additive
Fertigung bei modernen Verbrennungsmotoren. In: *MTZ Motortechnische
Zeitschrift* 81 (2020), Nr. 12, S. 40–45. http://dx.doi.org/10.1007
/s35146-020-0321-x. – DOI 10.1007/s35146–020–0321–x

[36] M. KITZMANTEL ; T. WILFINGER: *Entbindern und Sintern von FFF-
Metallpulver Bauteilen.* 2017. http://dx.doi.org/10.1515/97834
86805246.353. http://dx.doi.org/10.1515/9783486805246.3
53

[37] MAHLE: *MAHLE produces high-performance aluminum pistons using
3D printing for the first time.* https://www.mahle.com/en/news-and
-press/press-releases/mahle-produces-high-performance-a
luminum-pistons-using-3d-printing-for-the-first-time-7
6416. Version: 2020

[38] MAMAKOS, A. ; MANFREDI, U. : *Physical Characterization of Exhaust
Particle Emissions from Late Technology Gasoline Vehicles.* 2012. – ISBN
978–92–79–25313–3

[39] MERKER, G. P. ; SCHWARZ, C. ; STIESCH, G. ; OTTO, F. : *Verbrennungsmotoren: Simulation der Verbrennung und Schadstoffbildung.* 3.,
überarb. und aktualisierte Aufl. Wiesbaden : Teubner, 2006 (Lehrbuch
Maschinenbau)

[40] MERKER, G. P. ; TEICHMANN, R. : *Grundlagen Verbrennungsmotoren.*
Wiesbaden : Springer Fachmedien Wiesbaden, 2019. http://dx.doi.o
rg/10.1007/978-3-658-23557-4. http://dx.doi.org/10.1007
/978-3-658-23557-4. – ISBN 978–3–658–23556–7

[41] MICHELE, G. : *Laser Additive Manufacturing of Soft Magnetic Cores for
Rotating Electrical Machinery: Materials Development and Part Design.*
2018

[42] NEESER, P. : *Untersuchungen zu den Einflussmoeglichkeiten auf ein ottomotorisches Hochrestgasbrennverfahren: Dissertation.* 2011. `http://dx.doi.org/10.5445/IR/1000026953`. `http://dx.doi.org/10.5445/IR/1000026953`

[43] OTTO, F. ; BERIT, J. ; MAGGIORE, M. : *New Integrated Combustion System for future Passenger Cars Engines (NICE): Publishable Final Activity Report.* 2008

[44] PISCHINGER, S. : *Effects of spark plug design parameters on ignition and flame development in an SI-engine: Dissertation.* 1985

[45] PISCHINGER, S. ; GEIGER, J. ; NEFF, W. ; ET AL.: Einfluss von Zündung und Zylinderinnenströmung auf die ottomotorische Verbrennung bei hoher Ladungsverdünnung. In: *MTZ Motortechnische Zeitschrift* 63 (2002), Nr. 5. `http://dx.doi.org/10.1007/BF03227360`. – DOI 10.1007/BF03227360

[46] R. PISCHINGER ; M. KLELL ; T. SAMS: *Der Fahrzeugantrieb herausgegeben von H. List: Thermodynamik der Verbrennungskraftmaschine.* Springer, 2009. – ISBN 978–3211–99276–0 3

[47] R. RÖTHLISBERGER ; D. FAVRAT: *International Journal of Thermal Sciences.* Bd. 42: *Investigation of the prechamber geometrical configuration of a natural gas spark ignition engine for cogeneration: part II. Experimentation.* 2002. `http://dx.doi.org/10.1016/S1290-0729(02)00024-8`. `http://dx.doi.org/10.1016/S1290-0729(02)00024-8`

[48] SCHAEFFLER TECHNOLOGIES AG & CO. KG: *Einfach Luft?: UniAir - die erste vollvariable, elektrohydraulische Ventilsteuerung* (Schäffler Kolloqium). `https://www.schaeffler.de/de/news_medien/mediathek/downloadcenter-detail-page.jsp?id=3378363`

[49] SCHMID, H. ; KOLLMEIER, H.-P. ; KRALJEVIC, I. ; GOTTWALD, T. ; ET AL.: *SAE Technical Paper.* Bd. 2021-24-0032: *LPG and Prechamber as Enabler for Highly Performant and Efficient Combustion Processes Under Stoichiometric Conditions.* 2021. `http://dx.doi.org/10.4271/2021-24-0032`. `http://dx.doi.org/10.4271/2021-24-0032`

[50] SCHREIBER, D. ; FORSS, A. ; MOHR, M. ; AND DIMOPOULOS, P. : *SAE Technical Paper*. Bd. 2007-24-0123: *Particle Characterisation of Modern CNG, Gasoline and Diesel Passenger Cars*. 2007. `http://dx.doi.org/10.4271/2007-24-0123`. `http://dx.doi.org/10.4271/2007-24-0123`

[51] SEBOLDT, D. : *Untersuchungen zum Potenzial der CNG-Direkteinblasung zur Reduktion von HC-Emissionen in Gasmotoren*. Springer Fachmedien Wiesbaden (Wissenschaftliche Reihe Fahrzeugtechnik Universität Stuttgart). `http://dx.doi.org/10.1007/978-3-658-17906-9`. `http://dx.doi.org/10.1007/978-3-658-17906-9`. – ISBN 978–3–658–17906–9

[52] SHINDE, B. ; KARUNAMURTHY, K. : *Effect of Spark Plug Location on Combustion, Performance and Emission of High-Speed Digital Three Spark Ignition (DTSI) Engine Fueled with Gasoline and Hydrogen*. Bd. 4. 2022. `http://dx.doi.org/10.4271/2021-26-0227`. `http://dx.doi.org/10.4271/2021-26-0227`

[53] SOLTIC, P. ; HILFIKER, T. ; HUTTER, R. ; HÄNGGI, S. : Experimental comparison of efficiency and emission levels of four-cylinder lean-burn passenger car-sized CNG engines with different ignition concepts. In: *Combustion Engines* 176 (2019), Nr. 1, S. 27–35. `http://dx.doi.org/10.19206/CE-2019-104`. – DOI 10.19206/CE–2019–104. – ISSN 2300–9896

[54] SPICHER, U. ; VELJI, A. : *FVV, Abschlussbericht*. Bd. Nr. 231 und 299: *Kohlenwasserstoff-Emission I: Entstehung von Kohlenwasserstoffen durch flame quenching bei Verbrennungsmotoren*. 1983

[55] SPICHER, U. ; VELJI, A. ; KLÜTING, M. ; HUYNH, H. ; KNOCHE, K. ; PISCHING, F. : Vorzeitiges Erlöschen der Flamme und Kohlenwasserstoff-Emission bei ottmotorischer Verbrennung. In: *MTZ Motortechnische Zeitschrift* 46 (1985)

[56] STRENG, S. ; WIESKE, P. ; WART, M. ; HALL, J. : *Monvalenter Erdgasbetrieb und Downsizing fuer niedrige CO2-Emissionen*. Springer. `http://dx.doi.org/10.1007/s35146-016-0069-5`. `http://dx.doi.org/10.1007/s35146-016-0069-5`

[57] SUCK, G. : *Untersuchung der HC-Quellen an einem Ottomotor mit Direkteinspritzung: PhD Thesis.* 2001

[58] UNFCCC AUTHORS: *Glasgow Climate Pact.* https://unfccc.int/documents/310475

[59] VACCA, A. ; CHIODI, M. ; BARGENDE, M. ; KULZER, A. ; ET AL.: *Virtual Development of a New 3-Cylinder Natural Gas Engine with Active Pre-chamber.* 22. Internationales Stuttgarter Symposium. Springer, 2022. http://dx.doi.org/10.1007/978-3-658-37009-1{_}31. http://dx.doi.org/10.1007/978-3-658-37009-1{_}31

[60] VACCA, A. ; CHIODI, M. ; KULZER, A. ; BARGENDE, M. ; ET AL.: *Study of Different Active Pre-Chamber ignition Layouts for Lean Operating Gas Engines using 3D-CFD Simulations.* Berlin, 2022 (Internationel Conference on Ignition Systems for Gasoline Engines). – ISBN 978–3–8169–8544–0

[61] VACCA, A. : *Potential of Water Injection for Gasoline Engines by Means of a 3D-CFD Virtual Test Bench.* Wiesbaden : Springer Fachmedien Wiesbaden, 2021. http://dx.doi.org/10.1007/978-3-658-32755-2. http://dx.doi.org/10.1007/978-3-658-32755-2

[62] VAN BASSHUYSEN, R. : *Erdgas und Erneuerbares Methan Für Den Fahrzeugantrieb: Wege Zur Klimaneutralen Mobilität.* 1st ed. Springer Fachmedien Wiesbaden GmbH (Der Fahrzeugantrieb Ser). https://ebookcentral.proquest.com/lib/kxp/detail.action?docID=1997940. – ISBN 978–3–658–07158–5

[63] VAN BASSHUYSEN, R. : *Natural Gas and Renewable Methane for Powertrains.* Springer Fachmedien Wiesbaden, 2015. http://dx.doi.org/10.1007/978-3-319-23225-6. http://dx.doi.org/10.1007/978-3-319-23225-6. – ISBN 978–3–319–23224–9

[64] VAN BASSHUYSEN, R. : *Ottomotor mit Direkteinspritzung und Direkteinblasung.* Wiesbaden : Springer Fachmedien Wiesbaden, 2017. http://dx.doi.org/10.1007/978-3-658-12215-7. http://dx.doi.org/10.1007/978-3-658-12215-7

[65] VEREIN DEUTSCHER INGENIEURE: *VDI2222 Blatt 2: Konstruktionsmethodik Erstellung und Anwendung von Konstruktionskatalogen.* Beuth Verlag GmbH, 1982

[66] VEREIN DEUTSCHER INGENIEURE: *VDI2222 Blatt 1: Konstruktionsmethodik Methodisches Entwickeln von Lösungsprinzipien.* Beuth Verlag GmbH, 1997

[67] VEREIN DEUTSCHER INGENIEURE: *VDI 3405: Additive Fertigungsverfahren Konstruktionsempfehlungen für die Bauteilfertigung mit Laser-Sintern und Laser-Strahlschmelzen.* Beuth Verlag GmbH, 2015

[68] VEREIN DEUTSCHER INGENIEURE: *VDI 2221 Blatt 1: Entwicklung technischer Produkte und Systeme Modell der Produktentwicklung.* Beuth Verlag GmbH, 2019

[69] VILLFORTH, J. ; KULZER, A. ; DEEG, H.-P. ; VACCA, A. ; ET AL.: Methods to Investigate the Importance of eFuel Properties for Enhanced Emission and Mixture Formation. (2021). http://dx.doi.org/10.42 71/2021-24-0017. – DOI 10.4271/2021–24–0017

[70] WAGNER, M. A. ; HADIAN, A. ; SEBASTIAN, T. ; CLEMENS, F. ; ET AL.: *Fused filament fabrication of stainless steel structures - from binder development to sintered properties.* Bd. 49. 2022. http://dx.doi.org /10.1016/j.addma.2021.102472. http://dx.doi.org/10.1016 /j.addma.2021.102472

[71] WARNATZ, J. ; MAAS, U. ; DIBBLE, R. W.: *Combustion: Physical and chemical fundamentals, modeling and simulation, experiments, pollutant formation ; with 22 tables.* 4. ed. Berlin and Heidelberg : Springer, 2006

[72] WARTH, M. ; STRENG, S. ; WIESKE, P. : *Monovalenter Erdgasbetrieb und Downsizing für niedrige CO2 Emissionen: 37. Internationales Wiener Motorensymposium.* 2016

[73] WEBER, C. ; FRIEDFELDT, R. ; RUHLAND, H. ; WIRTH, M. : Downsizing und hohe Leistung mit zukünftigen Kraftstoffen und Emissionslimits. In: *MTZ Motortechnische Zeitschrift* 82 (2021), Nr. 5-6, S. 72–77. http:// dx.doi.org/10.1007/s35146-021-0669-6. – DOI 10.1007/s35146– 021–0669–6

[74] WEBER, C. ; KRAMER, U. ; KLEIN, R. ; ET AL.: *Erdgas-spezifisches Downsizing - Potenziale und Herausforderungen 36. Internationales Wiener Motorensymposium.* 2015

[75] WESTERHOFF, M. HOLTMEIER, G.: Erdgas - Die greifbare Chance. 77 (2016), Nr. 2, S. 8–13. http://dx.doi.org/10.1007/s35146-015 -0196-4. – DOI 10.1007/s35146–015–0196–4

[76] WILLKOMM, J. ; KUHLBACH, K. ; MERGET, D. ; WAGNER, M. ; REICH, S. ; ZIEGLER, S. ; SCHLEIFENBAUM, J. H.: Design and manufacturing of a cylinder head by laser powder bed fusion. In: *IOP Conference Series: Materials Science and Engineering* 1097 (2021), Nr. 1, S. 012021. http://dx.doi.org/10.1088/1757-899X/1097/1/012021. – DOI 10.1088/1757–899X/1097/1/012021. – ISSN 1757–8981

[77] YADROITSEV, I. : *Selective laser melting: Direct manufacturing of 3D-objects by selective laser melting of metal powders.* LAP Lambert Academic Publishing https://www.researchgate.net/publication/2 59193143_Selective_laser_melting_Direct_manufacturing_ of_3D-objects_by_selective_laser_melting_of_metal_powde rs. – ISBN 3838317947

[78] ZHENG, L. ; ZHANG, Q. ; CAO, H. ; WU, W. ; ET AL.: *Melt pool boundary extraction and its width prediction from infrared images in selective laser melting.* Bd. 183. 2019. http://dx.doi.org/10.1016/j.matdes. 2019.108110. http://dx.doi.org/10.1016/j.matdes.2019.108 110

MIX
Papier aus verantwortungsvollen Quellen
Paper from responsible sources
FSC® C105338

If you have any concerns about our products,
you can contact us on
ProductSafety@springernature.com

In case Publisher is established outside the EU,
the EU authorized representative is:
**Springer Nature Customer Service Center GmbH
Europaplatz 3, 69115 Heidelberg, Germany**

Printed by Libri Plureos GmbH
in Hamburg, Germany